住房和城乡建设领域"十四五"热点培训教材

# 建筑施工生产安全事故防控图解

建筑施工生产安全事故防控图解编写委员会　组织编写

中国建筑工业出版社

**图书在版编目（CIP）数据**

建筑施工生产安全事故防控图解/建筑施工生产安全事故防控图解编写委员会组织编写. —北京：中国建筑工业出版社，2022.5（2022.11 重印）

住房和城乡建设领域"十四五"热点培训教材

ISBN 978-7-112-27238-9

Ⅰ.①建… Ⅱ.①建… Ⅲ.①建筑工程-安全事故-事故预防-教材 Ⅳ.①TU714

中国版本图书馆 CIP 数据核字（2022）第 047656 号

责任编辑：赵云波
责任校对：张惠雯

住房和城乡建设领域"十四五"热点培训教材
**建筑施工生产安全事故防控图解**
建筑施工生产安全事故防控图解编写委员会　组织编写

\*

中国建筑工业出版社出版、发行（北京海淀三里河路 9 号）
各地新华书店、建筑书店经销
霸州市顺浩图文科技发展有限公司制版
北京中科印刷有限公司印刷

\*

开本：787 毫米×1092 毫米　1/16　印张：18¾　字数：465 千字
2022 年 9 月第一版　2022 年 11 月第二次印刷
定价：**180.00** 元（含增值服务）
ISBN 978-7-112-27238-9
（39044）

# 本书编审委员会

## 审定委员会

主　　任：武兆军

副 主 任：赵继光　刘其贤　张　健

委　　员：随国庆　刘茂楠　万立华　刘　杰　岳成山　于　飞　袁金征
　　　　　刘　明　郑玉桢

## 编写委员会

主　　编：杨一伟

副 主 编：王　頔　王欲秋　张　兴　王文华　夏慧慧

参编人员：

| | | | | | | |
|---|---|---|---|---|---|---|
| 刘贵国 | 陈淑婧 | 韩　健 | 陈前钟 | 徐祗昶 | 蒲　锰 | 韦安磊 |
| 胡莉娟 | 张洪霞 | 桑海燕 | 李桓宇 | 徐怀彬 | 周广同 | 王孝亮 |
| 杨雪洁 | 杜加川 | 刘文华 | 刘世涛 | 树文韬 | 苏有斌 | 朱淑晟 |
| 李永明 | 范自盛 | 许贵贤 | 陈艳琼 | 肖　冰 | 黄明炜 | 林进浔 |
| 姜　宁 | 杨　春 | 孟海泳 | 魏　东 | 陈源源 | 李妍鹏 | 彭　强 |
| 卢念霞 | 李永光 | 张会军 | 倪维成 | 刘振亮 | 鲍庆振 | 余　荣 |
| 邢凤永 | 王金选 | 王广利 | 亓文红 | 乔海洋 | 于小刚 | 明宪永 |
| 黄常礼 | 李洪竹 | 张祥柱 | 王安静 | 贾锋昌 | 徐良辰 | 宋　娜 |
| 杨允凤 | 董春华 | 郭　宁 | 刘　媛 | 贾先凤 | 张书博 | 李昌龙 |
| 栾振鹏 | 杨允跃 | 王梅莹 | 魏中超 | 包　昂 | 马乐泉 | 王　健 |
| 李加敖 | 郭志刚 | 王善科 | 周树军 | 陆　勇 | 孙进峰 | 韩　珂 |
| 孔祥雁 | 马国超 | 李镇宇 | 陈伟伟 | 李雪廷 | 靳　顺 | 王东晓 |
| 陈云涛 | 雷振宇 | 王昭旻 | 聂金富 | 辛　建 | 陈光亮 | 宋江涛 |
| 李奕辉 | 朱文超 | 房海波 | 顾克震 | 韩其畅 | 李翠军 | 王　忆 |
| 王　重 | 李雪凤 | 郭　伟 | 祁延飞 | 周　珊 | 唐春凯 | 寻广安 |
| 李宗才 | 张　磊 | 于　晨 | 王　涛 | 张　涛 | 王鲁晋 | 李霖霖 |
| 孙　雨 | 吴化彬 | 陈义君 | 郭雪利 | 郝兆腾 | 顾永彬 | 杨绪恩 |

樊德海　王丙军　孙延春　徐宏伟　赵红旭　李　迁　吴　丹
王巧华　祝可为　陈学雄

图片制作：

王巧华　林进津　王晓程　夏翔荣　郭春廷　孙志德　洪艳婷
唐志煌　郑铭达

# 编写单位

主　编　单　位：济南市住房和城乡建设局
参　编　单　位：济南市工程质量与安全中心
　　　　　　　　济南高新区自然资源与规划建设管理局
　　　　　　　　山东赫宸设计有限公司
　　　　　　　　中铁建设集团有限公司
　　　　　　　　中建八局第一建设有限公司
　　　　　　　　中建八局第二建设有限公司
　　　　　　　　济南市不动产登记中心
　　　　　　　　济南一建集团有限公司
　　　　　　　　济南四建（集团）有限责任公司
　　　　　　　　中建八局第二建设有限公司智慧研究所
　　　　　　　　山东天齐置业集团股份有限公司
　　　　　　　　山东中建物资设备有限公司
　　　　　　　　山东中建众力设备租赁有限公司
　　　　　　　　山东中诚机械租赁有限公司
　　　　　　　　山东晟旸建筑科技有限责任公司
　　　　　　　　山东万群信息技术有限公司
　　　　　　　　北京中城建业技术培训中心
　　　　　　　　江苏南通三建集团股份有限公司
　　　　　　　　陕西华山建设集团有限公司
　　　　　　　　临朐县兴隆建安有限公司
　　　　　　　　福建船政交通职业学院
　　　　　　　　黎明职业大学
　　　　　　　　福建数博讯信息科技有限公司
　　　　　　　　陕西智融科技产业发展（集团）有限公司
　　　　　　　　中泰安全技术（山东）有限公司
　　　　　　　　济南固德建筑加固工程有限公司
　　　　　　　　济南前景工程机械有限公司
动画和图片制作：福建数博讯信息科技有限公司

# 前　　言

随着我国建筑业蓬勃发展，建筑施工行业规模快速扩张，建筑结构和功能也不断创新，建筑施工逐步迈向多元化、模块化和标准化。但与行业规模增速不相匹配的是，从业人员对安全生产的认识、研究和管理等环节提升缓慢，随之而来的安全事故居高不下，使人民群众生命财产安全遭受极大损失。

目前，我国从事建筑业的工人约5000余万，他们是城市的建设者，是默默无闻的英雄，然而安全事故时刻威胁着广大工友们的生命安全。如何保证建设工程安全生产，避免或减少生产安全事故，保护从业人员的安全和健康，是工程建设领域急需解决的重要课题。从我国已发生的建设工程生产安全事故来看，事故的根源在于广大从业人员缺乏安全技术与安全管理的知识和能力，未进行系统的安全技术与安全管理教育和培训。

基于当前建筑施工管理现状及存在的问题，为规范建筑行业管理，提高安全文明施工管理水平，实现安全防护标准化、规范化、工具化，使广大从业人员敬畏生命、敬畏职责、敬畏规章，让每位工友除夕之夜能安全回家，特编制《建筑施工生产安全事故防控图解》，本图集编排采用CAD图示、三维图片示例、实景示例与文字说明相结合形式，以普及基础知识、明确监管重点、规范管理行为、细化管理要求和标准为思路，从最具代表性的各种建筑施工类型入手，对其结构、构造、准备工作、安装、使用、监控、检查、维护等角度详解其工艺流程和构造特点，普及管理知识、管理要求。同时结合典型事故案例、行业先进经验，针对易发事故环节、易生问题部位等进行全面梳理、归纳总结，明确监管重点及举措，从技术和管理层面保证建筑施工过程中的安全性和可靠性，不断提高安全管理水平。同时也让每一位建筑施工从业人员都认识安全职责、理解安全职责、落实安全职责，真正做到心中有畏、脑中有危、手中有为、脚下有位。

本图集适用于工业与民用建筑施工现场安全文明实施与管理，桥梁、隧道、城市轨道交通等市政基础设施工程可结合各自特点参照实施。本图集可供建设、施工、监理等单位领导、管理人员及广大建筑施工从业人员阅读，也可作为大专院校建筑工程、工程管理及相关安全管理专业的教材。

编　者
二〇二二年八月二十六日

# 目　录

## 第一篇　高　处　作　业

## 第二篇　模板支撑架

# 第三篇　高处作业吊篮

# 第四篇 QTZ80 平头塔式起重机

# 附　　录

# 高 处 作 业

# 第1章 术 语

**1.1.1** 高处作业 working at height

在坠落高度基准面 2m 及以上有可能坠落的高处进行的作业。

**1.1.2** 临边作业 edge-near operation

在工作面边沿无围护或围护设施高度低于 800mm 的高处作业，包括楼板边、楼梯段边、屋面边、阳台边、各类坑、沟、槽等边沿的高处作业。

**1.1.3** 洞口作业 opening operation

在地面、楼面、屋面和墙面等有可能使人和物料坠落，其坠落高度大于或等于 2m 的洞口处的高处作业。

**1.1.4** 攀登作业 climbing operation

借助登高用具或登高设施进行的高处作业。

**1.1.5** 悬空作业 hanging operation

在周边无任何防护设施或防护设施不能满足防护要求的临空状态下进行的高处作业。

**1.1.6** 移动式操作平台 movable operating platform

带脚轮或导轨，可移动的脚手架操作平台。

**1.1.7** 落地式操作平台 floor type operating platform

从地面或楼面搭起、不能移动的操作平台，单纯进行施工作业的施工平台和可进行施工作业与承载物料的接料平台。

**1.1.8** 悬挑式操作平台 cantilevered operating platform

以悬挑形式搁置或固定在建筑物结构边沿的操作平台，斜拉式悬挑操作平台和支承式悬挑操作平台。

**1.1.9** 交叉作业 cross operation

垂直空间贯通状态下，可能造成人员或物体坠落，并处于坠落半径范围内、上下左右不同层面的立体作业。

**1.1.10** 安全防护设施 safety protecting facilities

在施工高处作业中，为将危险、有害因素控制在安全范围内，以及减少、预防和消除危害所配置的设备和采取的措施。

**1.1.11** 安全防护棚 safety protecting shed

高处作业在立体交叉作业时，为防止物体坠落造成坠落半径内人员伤害或材料、设备损坏而搭设的防护棚架。

# 第2章 基本规定

**2.1.1** 建筑施工中凡涉及临边与洞口作业、攀登与悬空作业、操作平台、交叉作业及安全网搭设的，应在施工组织设计或施工方案中制定高处作业安全技术措施（图2-1、图2-2）。

图2-1 高处作业专项施工措施讨论会　　　　　图2-2 高处作业安全技术方案

**2.1.2** 高处作业施工前，应按类别对安全防护设施进行检查、验收，验收合格后方可进行作业，并应做验收记录。验收可分层或分阶段进行（图2-3）。

图2-3 安全防护设施验收记录表

**2.1.3** 高处作业施工前，应对作业人员进行安全技术交底，并应做好记录。应对初次作业人员进行培训（图 2-4、图 2-5）。

图 2-4　对初次作业人员进行培训

图 2-5　安全技术交底

**2.1.4** 应根据要求将各类安全警示标志悬挂于施工现场各相应部位，夜间应设红灯警示（图 2-6）。高处作业施工前，应检查高处作业的安全标志、工具、仪表、电气设施和设备，确认其完好后，方可进行施工（图 2-7）。

图 2-6　夜间红灯警示

图 2-7　基坑边缘警示标志

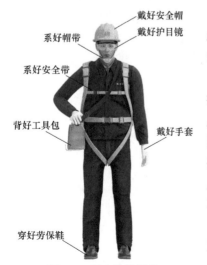

图 2-8　安全防护用品

**2.1.5** 高处作业人员应根据作业的实际情况配备相应的高处作业安全防护用品，并应按规定正确佩戴和使用相应的安全防护用品、用具（图 2-8）。

**2.1.6** 对施工作业现场可能坠落的物料，应及时拆除或采取固定措施（图 2-9）。高处作业所用的物料应堆放平稳，不得妨碍通行和装卸（图 2-10）。工具应随手放入工具袋（图 2-11）；作业中的走道、通道板和登高用具，应随时清理干净；拆卸下的余料和废料应及时清理运走，不得随意放置或向下丢。传递物料时不得抛掷（图 2-12）。

**2.1.7** 高处作业应按现行国家标准《建设工程施工现场消防安全技术规范》GB 50720 的规定，采取防火措施（图 2-13）。

图 2-9　可能坠落的物料应及时
拆除或采取固定措施

图 2-10　高处作业所用物料应堆放平稳，
不得妨碍通行和装卸

图 2-11　工具应随手放入工具袋

图 2-12　传递物料时不得抛掷

图 2-13　《建设工程施工现场消防安全技术规范》GB 50720

**2.1.8**　在雨、霜、雾、雪等天气进行高处作业时，应采取防滑、防冻和防雷措施（图 2-14），并应及时清除作业面上的水、冰、雪、霜（图 2-15）。当遇有 6 级及以上强风、浓雾、沙尘暴等恶劣气候，不得进行露天攀登与悬空高处作业。雨雪天气后，应对高处作业安全设施进行检查，当发现有松动、变形、损坏或脱落等现象时，应立即修理完善，维修合格后方可使用。

图 2-14　在雨、霜、雾、雪等天气进行高处　　　　图 2-15　应及时清除作业面
作业时，应采取防滑、防冻和防雷措施　　　　　　　上的水、冰、雪、霜

**2.1.9**　对需临时拆除或变动的安全防护设施，应采取可靠措施，作业后应立即恢复（图 2-16）。

图 2-16　临时防护设施

**2.1.10**　安全防护设施验收应包括下列主要内容：

1. 防护栏的设置与搭设（图 2-17）；

2. 攀登与悬空作业的用具与设施搭设（图 2-18）；

3. 操作平台及平台防护设施的搭设（图 2-19）；

4. 防护棚的搭设（图 2-20）；

5. 安全网的设置（图 2-21）；

6. 安全防护设施、设备的性能与质量，所用的材料、配件的规格；

7. 设施的节点构造，材料配件的规格、材质及其与建筑物的固定、连接状况（图 2-22）。

图 2-17　防护栏的设置与搭设

图 2-18　攀登与悬空作业的用具与设施搭设

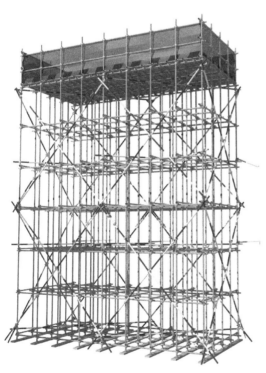

图 2-20　防护棚的搭设

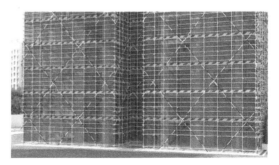

图 2-19　操作平台及平台防护设施的搭设

图 2-21　安全网的设置

图 2-22 建筑物的固定

**2.1.11** 安全防护设施验收资料应包括下列主要内容：

1. 施工组织设计中的安全技术措施或施工方案（图 2-23）；

2. 安全防护用品用具、材料和设备产品合格证明；

3. 安全防护设施验收记录（图 2-24）；

4. 预埋件隐蔽验收记录；

5. 安全防护设施变更记录（图 2-25）。

**2.1.12** 应由专人对各类安全防护设施进行检查和维修保养，发现隐患应及时采取整改措施（图 2-26）。

**2.1.13** 安全防护设施宜采用定型化、工具化设施，防护栏应为红白相间的条纹标识，盖件应为黄色标识（图 2-27）。

**DB**

山东省工程建设标准

DB37/5063-2016                J13512-2016

**建筑施工现场安全管理资料规程**

Management specification of construction site
Safety Management Documents

2016-07-21 发布                2016-09-01 实施

山东省住房和城乡建设厅
山东省质量技术监督局        联合发布

图 2-23 建筑施工现场安全管理资料规程

## 安全防护设施验收记录

| 施工单位 | | | | 验收日期 | 年　月　日 |
|---|---|---|---|---|---|
| 工程名称 | | | | | |
| 序号 | 验收内容 | | 验收标准 | 验收结果 | |
| 1 | 三宝 | 安全帽 安全带 安全网 | 是否有检测合格证 | 合格□ | 不合格□ |
| 2 | 洞口、临边防护 | 楼梯 防护栏杆 挡脚板 | 0.1m、0.6m、1.2m各设一道横杆，定型化、工具化，刷红白相间油漆18cm高、3cm厚，红白相间油漆 | 合格□ | 不合格□ |
| | | 电梯井口 井内防护 井口防护 | 电梯井口：内井平网防护，两层设一道平网，间距小于10m；井口设固定铁栅门。 | 合格□ | 不合格□ |
| | | 预留洞口 洞口防护 | 按要求设置，防护严密、定型化、工具化 | 合格□ | 不合格□ |
| | | 基坑临边 防护栏杆 | 0.1m、0.6m、1.2m各设一道，定型化，工具化，刷黑黄相间油漆 | 合格□ | 不合格□ |
| 2 | 通道 | 策划 | 审核签字通过，按照方案搭设 | 合格□ | 不合格□ |
| | | 钢管、扣件、顶托 | 有无材质报告，是否变形、开裂 | 合格□ | 不合格□ |
| | | 基础 | 基础强度是否符合要求 | 合格□ | 不合格□ |
| | | 立面防护 | 通道两侧拉设密目安全网 | 合格□ | 不合格□ |
| | 防护棚 | 通道长高宽 | 长宽高满足施工要求 | 合格□ | 不合格□ |
| | | 顶层防护 | 顶层为双层硬防护 | 合格□ | 不合格□ |
| | | 基础 | 底部坚实平整，排水良好 | 合格□ | 不合格□ |
| | | 材质 | 钢管扣件符合设计要求，无开裂、变形、严重锈蚀，有出厂合格证明 | 合格□ | 不合格□ |
| | | 防护 | 四周为封闭防护，顶层为双层防护 | 合格□ | 不合格□ |
| | | 荷载 | 防护顶棚严禁堆放材料 | 合格□ | 不合格□ |
| 验收部位/评语 | | | | | |
| 验收人签字 | | | | | |

注：1. 验收结果合格项打"√"，不合格项打"×"。
　　2. 三宝及临边洞口防护除日常检查外，并进行验收。

图 2-24　安全防护设施验收记录

### 安全防护设施变更记录及签证

编号：

| 建设单位 | | 施工单位 | |
|---|---|---|---|
| 工程名称 | | 结构类型 | |
| 工程地点 | | 建筑面积 | |
| 主送单位 | | 签收人 | |
| 变更单事由： | | | |
| 变更内容： | | | |
| 审核意见： | | | |
| 项目经理 | 项目技术负责人 | | 项目安全员 |
| 签字（盖章）　年 月 日 | 签字（盖章）　年 月 日 | | 签字（盖章）　年 月 日 |

图 2-25　安全防护设施变更记录

图 2-26　安全防护设施检查

图 2-27　安全防护设施采用定型化、工具化设施

# 第3章 临边与洞口作业

## 3.1 临 边 作 业

**3.1.1** 坠落高度基准面 2m 及以上进行临边作业时，应在临空一侧设置防护栏杆，并应采用密目式安全立网或工具式栏板封闭（图 3-1、图 3-2）。

图 3-1 密目式安全立网　　　　　　　图 3-2 工具式栏板

**3.1.2** 施工的楼梯口、楼梯平台和梯段边，应安装防护栏杆；外设楼梯口、楼梯平台和梯段边还应采用密目式安全立网封闭（图 3-3、图 3-4）。

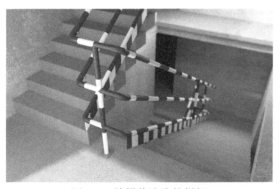

图 3-3 楼梯临边防护栏杆　　　　　　图 3-4 楼梯临边密目式安全立网防护

**3.1.3** 建筑物外围边沿处，对没有设置外脚手架的工程，应设置防护栏杆；对有外脚手架的工程，应采用密目式安全立网全封闭。密目式安全立网应设置在脚手架外侧立杆上，并应与脚手架紧密连接（图 3-5、图 3-6）。

**3.1.4** 施工升降机、龙门架和井架物料提升机等在建筑物间设置的停层平台两侧边，应设置防护栏杆、挡脚板，并应采用密目式安全立网或工具式栏板封闭（图 3-7、图 3-8）。

图 3-5　安全防护栏杆

图 3-6　外脚手架

图 3-7　停层平台（样式一）

图 3-8　停层平台（样式二）

**3.1.5**　停层平台口应设置高度不低于 1.80m 的楼层防护门，并应设置防外开装置；井架物料提升机通道中间，应分别设置隔离设施（图 3-9）。

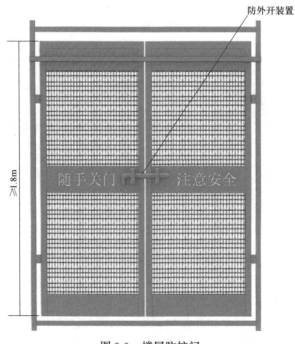

防外开装置

≥1.8m

随手关门　注意安全

图 3-9　楼层防护门

临边作业

## 3.2　洞口作业

洞口作业

**3.2.1** 洞口作业时，应采取防坠落措施，并应符合下列规定：

1. 当竖向洞口短边边长小于 500mm 时，应采取封堵措施；当垂直洞口短边边长大于或等于 500mm 时，应在临空一侧设置高度不小于 1.2m 的防护栏杆，并应采用密目式安全立网或工具式栏板封闭，设置挡脚板（图 3-10～图 3-12）；

图 3-10　竖向洞口防护

2. 当非竖向洞口短边边长为 25mm～500mm 时，应采用承载力满足使用要求的盖板覆盖，盖板四周搁置应均衡，且应防止盖板移位（图 3-13、图 3-14）；

3. 当非竖向洞口短边边长为 500mm～1500mm 时，应采取盖板覆盖或防护栏杆等措施，并应固定牢固（图 3-15、图 3-16）；

4. 当非竖向洞口短边边长大于或等于 1500mm 时，应在洞口作业侧设置高度不小于 1.2m 的防护栏杆，洞口应采用安全平网封闭（图 3-17、图 3-18）。

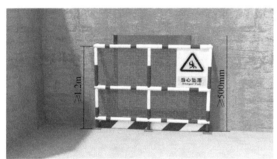

图 3-11　密目式安全立网垂直洞口防护

图 3-12　工具式栏板垂直洞口防护

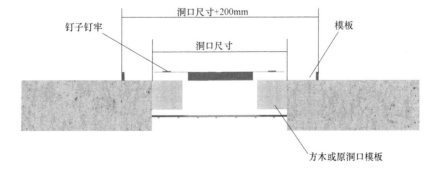

图 3-13　边长 25mm～500mm 的平面洞口防护（盖板剖面图）

图 3-14　边长 25mm～500mm 的
平面洞口防护效果图

图 3-15　边长 500mm～1500mm
的平面洞口防护效果图

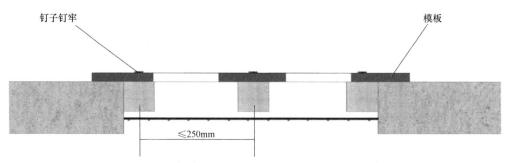

图 3-16　边长 500mm～1500mm 平面洞口防护（盖板剖面图）

图 3-17　密目式安全立网防护栏

图 3-18　工具式栏板封闭防护栏

**3.2.2**　电梯井口应设置防护门，其高度不应小于 1.5m，防护门底端距地面高度不应大于 50mm，并应设置挡脚板（图 3-19）。

**3.2.3**　在电梯施工前，电梯井道内应每隔 2 层且不大于 10m 加设一道安全平网。电梯井内的施工层上部应设置隔离防护设施（图 3-20）。

**3.2.4**　洞口盖板应能承受不小于 1kN 的集中荷载和不小于 $2kN/m^2$ 的均布荷载，有特殊要求的盖板应另行设计（图 3-21）。

**3.2.5**　墙面等处落地的竖向洞口、窗台高度低于 800mm 的竖向洞口及框架结构在浇筑完混凝土未砌筑墙体时的洞口，应按临边防护要求设置防护栏杆（图 3-22）。

图 3-19　电梯井口防护

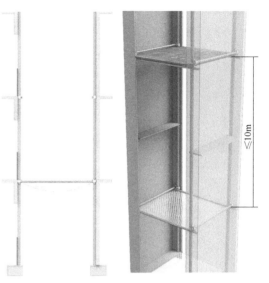

图 3-20　电梯井内设安全平网防护

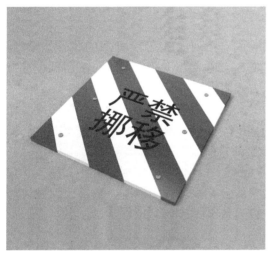

图 3-21　安全防护设施检查

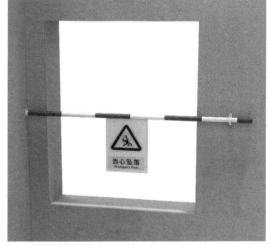

图 3-22　墙面、窗台的竖向洞口防护

## 3.3　防护栏杆

**3.3.1**　临边作业的防护栏杆应由横杆、立杆及挡脚板组成，防护栏杆应符合下列规定（图 3-23）：

1. 防护栏杆应为两道横杆，上杆距地面高度应为 1.2m，下杆应在上杆和挡脚板中间设置；

2. 当防护栏杆高度大于 1.2m 时，应增设横杆，横杆间距不应大于 600mm；

3. 防护栏杆的立杆间距不应大于 2m；

4. 挡脚板高度不应小于 180mm。

图 3-23　临边防护栏杆

**3.3.2**　防护栏杆立杆底端应固定牢固，并应符合下列规定：

图 3-24　采用预埋或打入方式固定

1. 当在土体上固定时，应采用预埋或打入方式固定（图 3-24）；

2. 当在混凝土楼面、地面、屋面或墙面固定时，应将预埋件与立杆连接牢固（图 3-25）；

3. 当在砌体上固定时，应预先砌入相应规格的含有预埋件的混凝土块，预埋件应与立杆连接牢固（图 3-26）。

图 3-25　混凝土楼面、
地面、屋面或墙面固定

图 3-26　砌入相应规格的
含有预埋件的混凝土块

3.3.3　防护栏杆杆件的规格及连接，应符合下列规定：

1. 当采用钢管作为防护栏杆杆件时，横杆及栏杆立杆应采用脚手钢管，并应采用扣件、焊接、定型套管等方式进行连接固定（图3-27～图3-29）；

2. 当采用其他材料作防护栏杆杆件时，应选用与钢管材质强度相当的材料，并应采用螺栓、销轴或焊接等方式进行连接固定（图3-30～图3-32）。

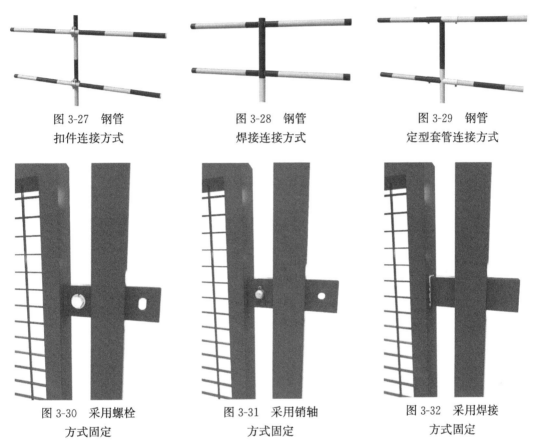

图 3-27　钢管　　　　图 3-28　钢管　　　　图 3-29　钢管
扣件连接方式　　　　焊接连接方式　　　　定型套管连接方式

图 3-30　采用螺栓　　　图 3-31　采用销轴　　　图 3-32　采用焊接
方式固定　　　　　　方式固定　　　　　　方式固定

3.3.4　防护栏杆的立杆和横杆的设置、固定及连接，应确保防护栏杆在上下横杆和立杆任何部位处，均能承受任何方向1kN的外力作用。当栏杆所处位置有发生人群拥挤、物件碰撞等可能时，应加大横杆截面或加密立杆间距（图3-33）。

图 3-33　防护栏杆

**3.3.5**　防护栏杆应张挂密目式安全立网或采用其他材料封闭（图 3-34、图 3-35）。

图 3-34　密目式安全立网防护栏杆

图 3-35　定型化防护栏杆

防护栏杆

# 第4章 攀登与悬空作业

## 4.1 攀登作业

攀登作业

**4.1.1** 登高作业应借助施工通道、梯子及其他攀登设施和用具（图 4-1～图 4-3）。

图 4-1 施工通道

图 4-2 梯子

图 4-3 攀登设施和用具

**4.1.2**　攀登作业设施和用具应牢固可靠；当采用梯子攀爬作业时，踏面荷载不应大于 1.1kN；当梯面上有特殊作业时，应按实际情况进行专项设计（图 4-4、图 4-5）。

图 4-4　攀登作业设施和用具应牢固可靠　　图 4-5　攀登作业设施和用具应牢固可靠

**4.1.3**　同一梯子上不得两人同时作业。在通道处使用梯子作业时，应有专人监护或设置围栏。脚手架操作层上严禁架设梯子作业（图 4-6～图 4-8）。

图 4-6　同一梯子上不得两人同时作业

图 4-7　通道使用梯子规范

**4.1.4**　便携式梯子宜采用金属材料或木材制作，并应符合现行国家标准《便携式金属梯安全要求》GB 12142 和《便携式木折梯安全要求》GB 7059 的规定（图 4-9、图 4-10）。

图 4-8　脚手架操作层上严禁架设梯子作业

图 4-9　《便携式金属梯安全要求》GB 12142　　　图 4-10　《便携式木折梯安全要求》GB 7059

**4.1.5**　使用单梯时，梯面应与水平面成 75°夹角，踏步不得缺失，梯格间距宜为 300mm，不得垫高使用（图 4-11）。

间距300mm

夹角75°

图 4-11　单梯使用规范

**4.1.6** 折梯张开到工作位置的倾角应符合现行国家标准《便携式金属梯安全要求》GB 12142 和《便携式木折梯安全要求》GB 7059 的规定，并应有整体的金属撑杆或可靠的锁定装置（图 4-12、图 4-13）。

图 4-12　《便携式金属梯安全要求》GB 12142

图 4-13　《便携式木折梯安全要求》GB 7059

**4.1.7** 固定式直梯应采用金属材料制成，并符合现行国家标准《固定式钢梯及平台安全要求 第 1 部分：钢直梯》GB 4053.1 的规定（图 4-14）；梯子净宽应为 $400mm \sim 600mm$（图 4-15），固定直梯的支撑应采用不小于∟$70 \times 6$ 的角钢，埋设与焊接应牢固（图 4-16）。直梯顶端的踏步应与攀登顶面齐平，并应加设 1.1m～1.5m 高的扶手（图 4-17）。

图 4-14  《固定式钢梯及平台安全要求
第 1 部分：钢直梯》GB 4053.1

图 4-15  梯子净宽

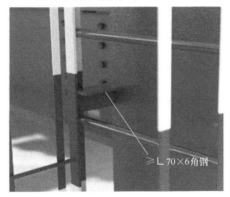

图 4-16  固定直梯的支撑应采用
不小于 ∟70×6 的角钢

图 4-17  加设 1.1m～1.5m 高的扶手

**4.1.8**  使用固定式直梯攀登作业时，当攀登高度超过 3m 时，宜加设护笼
（图 4-18），当攀登高度超过 8m 时，应设置梯间平台（图 4-19）。

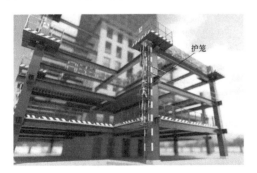

图 4-18  攀登高度超过 3m 时加设护笼

图 4-19  攀登高度超过 8m 时设置梯间平台

**4.1.9**　钢结构安装时，应使用梯子或其他登高设施攀登作业。坠落高度超过 2m 时，应设置操作平台（图 4-20）。

图 4-20　坠落高度超过 2m 时应设置操作平台

**4.1.10**　当安装屋架时，应在屋脊处设置扶梯。扶梯踏步间距不应大于 400mm（图 4-21）。屋架杆件安装时搭设的操作平台应设置防护栏杆或使用作业人员拴挂安全带的安全绳（图 4-22）。

图 4-21　扶梯踏步间距不应大于 400mm

图 4-22　屋架杆件安装时搭设的操作平台应设置防护栏杆

**4.1.11**　深基坑施工应采取设置扶梯（图 4-23）、入坑踏步（图 4-24）及专用载人设备（图 4-25）或斜道（图 4-26）等措施，采用斜道时，应采取加设间距不大于 400mm 的防滑条等防滑措施（图 4-27）。作业人员严禁沿坑壁、支撑或乘运土工具上下。

图 4-23　扶梯

图 4-24　入坑踏步

图 4-25　专用载人设备

图 4-26　斜道

图 4-27　斜道防滑措施间距要求

## 4.2　悬空作业

**4.2.1**　悬空作业的立足处的设置应牢固，并应配置登高和防坠落装置的设施（图 4-28）。

**4.2.2**　构件吊装和管道安装时的悬空作业应符合下列规定：

1. 钢结构吊装，构件宜在地面组装，安全设施应一并设置（图 4-29）；

图 4-28　悬空作业应配置登高和防坠落装置的设施

2. 吊装钢筋混凝土屋架、梁、柱等大型构件前，应在构件上预先设置登高通道、操作立足点等安全设施（图 4-30）；

3. 在高空安装大模板、吊装第一块预制构件或单独的大中型预制构件时，应站在作业平台上操作（图 4-31）；

4. 钢结构安装施工宜在施工层搭设水平通道，水平通道两侧应设置防护栏杆（图 4-32）；当利用钢梁作为水平通道时，应在钢梁一侧设置连续的安全绳，安全绳宜采用钢丝绳（图 4-33）；

5. 钢结构、管道等安装施工的安全防护宜采用标准化、定型化设施（图 4-34）。

图 4-29　构件宜在地面组装，安全设施应一并设置

临边防护

图 4-30　构件上预先设置登高通道、操作立足点等安全设施

图 4-31　作业平台

图 4-32　水平通道

图 4-33　安全绳

图 4-34　标准化、定型化的安全防护设施

**4.2.3**　严禁在未固定、无防护设施的构件及管道上进行作业或通行（图 4-35、图 4-36）。

图 4-35　佩戴防护设施进行高处作业　　　　图 4-36　严禁无防护设施进行作业

**4.2.4**　当利用吊车梁等构件作为水平通道时，临空面的一侧应设置连续的栏杆等防护措施（图 4-37）。当安全绳为钢索时，钢索的一端应采用花篮螺栓收紧（图 4-38）；当安全绳为钢丝绳时，钢丝绳的自然下垂度不应大于绳长的 1/20，并不应大于 100mm（图 4-39）。

图 4-37　连续栏杆防护

图 4-38　钢索防护

图 4-39　钢丝绳防护

**4.2.5** 模板支撑体系搭设和拆卸时的悬空作业，应符合下列规定：

1. 模板支撑的搭设和拆卸应按规定程序进行，不得在上下同一垂直面上同时装拆模板（图 4-40）；

2. 在坠落基准面 2m 及以上高处搭设与拆除柱模板及悬挑结构的模板时，应设置操作平台；

3. 在进行高处拆模作业时应配置登高用具或搭设支架（图 4-41）。

图 4-40　严禁同一垂直面上同时装拆模板

图 4-41　设置操作平台作业

**4.2.6**　绑扎钢筋和预应力张拉的悬空作业应符合下列规定：

1. 绑扎立柱和墙体钢筋，不得沿钢筋骨架攀登或站在骨架上作业（图 4-42）；

2. 在坠落基准面 2m 及以上高处绑扎柱钢筋和进行预应力张拉时，应搭设操作平台（图 4-43）。

图 4-42　不得沿钢筋骨架攀登或站在骨架上作业

图 4-43　高处绑扎钢筋应设置操作平台

**4.2.7**  混凝土浇筑与结构施工的悬空作业应符合下列规定：

1. 浇筑高度 2m 及以上的混凝土结构构件时，应设置脚手架或操作平台（图 4-44）；

2. 悬挑的混凝土梁和檐、外墙和边柱等结构施工时，应搭设脚手架或操作平台（图 4-45）。

图 4-44  浇筑高度 2m 及以上的混凝土结构
构件时应设置脚手架或操作平台

图 4-45  悬挑结构施工时应搭设
脚手架或操作平台

**4.2.8**  屋面作业时应符合下列规定：

1. 在坡度大于 25° 的屋面上作业，当无外脚手架时，应在屋檐边设置不低于 1.5m 高的防护栏杆，并应采用密目式安全立网全封闭（图 4-46）；

2. 在轻质型材等屋面上作业，应搭设临时走道板，不得在轻质型材上行走（图 4-47）；安装轻质型材板前，应采取在梁下支设安全平网或搭设脚手架等安全防护措施（图 4-48）。

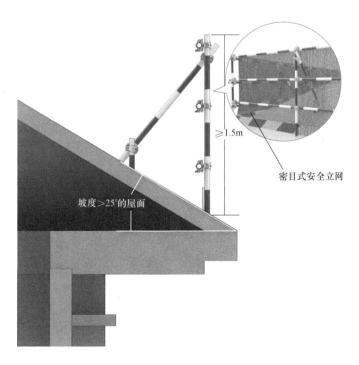

图 4-46  屋檐防护栏杆

安全平网　　　　临时走道板

图 4-47　在轻质型材等屋面上作业，应搭设临时走道板

图 4-48　梁下搭设脚手架等安全防护措施

**4.2.9**　外墙作业时应符合下列规定：

1. 门窗作业时，应有防坠落措施，操作人员在无安全防护措施时，不得站立在楱子、阳台栏板上作业（图 4-49、图 4-50）；

2. 高处作业不得使用座板式单人吊具，不得使用自制吊篮（图 4-51）。

图 4-49　门窗作业时，应有防坠落措施

图 4-50　不得站立在阳台栏板上作业

图 4-51　不得使用自制吊篮

悬空作业

# 第5章 操 作 平 台

## 5.1 一 般 规 定

**5.1.1** 操作平台应通过设计计算，并应编制专项方案，架体构造与材质应满足国家现行相关标准的规定。

**5.1.2** 操作平台的架体结构应采用钢管、型钢及其他等效性能材料组装，并应符合现行国家标准《钢结构设计标准》GB 50017（图 5-1）及国家现行有关脚手架标准的规定。平台面铺设的钢（图 5-2）、木（图 5-3）或竹胶合板（图 5-4）等材质的脚手板，应符合材质和承载力要求，并应平整满铺及可靠固定。

图 5-1 《钢结构设计标准》GB 50017

图 5-2 钢材质脚手板

图 5-3 木材质脚手板

图 5-4 竹胶合板材质脚手板

5.1.3 操作平台的临边应设置防护栏杆，单独设置的操作平台应设置供人上下、踏步间距不大于 400mm 的扶梯（图 5-5）。

5.1.4 应在操作平台明显位置设置标明允许负载值的限载标识牌及限定允许的作业人数（图 5-6），物料应及时运转，不得超重、超高堆放（图 5-7）。

图 5-6 操作平台限载标识牌

图 5-5 操作平台设置间距
不大于 400mm 踏步的扶梯

图 5-7 物料不得超重、超高堆放

5.1.5 操作平台使用中应每月不少于 1 次定期检查，应由专人进行日常维护工作，及时消除安全隐患（图 5-8）。

一般要求

图 5-8 操作平台使用中应定期检查，由专人进行日常维护工作

## 5.2　移动式操作平台

**5.2.1**　移动式操作平台面积不宜大于 $10m^2$，高度不宜大于 $5m$，高宽比不应大于 $2:1$，施工荷载不应大于 $1.5kN/m^2$（图 5-9）。

**5.2.2**　移动式操作平台的轮子与平台架体连接应牢固，立柱底端离地面不得大于 $80mm$，行走轮和导向轮应配有制动器或刹车闸等制动措施（图 5-10）。

图 5-9　移动式操作平台

图 5-10　行走轮和导向轮的制动措施

**5.2.3**　移动式行走轮承载力不应小于 $5kN$，制动力矩不应小于 $2.5N \cdot m$，移动式操作平台架体应保持垂直，不得弯曲变形，制动器除在移动情况外，均应保持制动状态（图 5-11）。

**5.2.4**　移动式操作平台移动时，操作平台上不得站人（图 5-12）。

图 5-11　行走轮和导向轮的制动措施

图 5-12　操作平台移动时，操作平台上不得站人

**5.2.5**　移动式升降工作平台应符合现行国家标准《移动式升降工作平台—设计计算、安全要求和测试方法》GB 25849 和《移动式升降工作平台 安全规则、检查、维护和操作》GB/T 27548 的要求（图 5-13、图 5-14）。

图 5-13　移动式升降工作平台现行国家标准

移动式操作平台

图 5-14　移动式升降工作平台

## 5.3　落地式操作平台

**5.3.1**　落地式操作平台架体构造应符合下列规定：

1. 操作平台高度不应大于 15m，高宽比不应大于 3∶1（图 5-15）；

2. 施工平台的施工荷载不应大于 2.0kN/m² ，当接料平台的施工荷载大于 2.0kN/m² 时，应进行专项设计（图 5-16）；

图 5-15　落地式操作平台

3. 操作平台应与建筑物进行刚性连接或加设防倾措施，不得与脚手架连接（图 5-17、图 5-18）；

4. 用脚手架搭设操作平台时，其立杆间距和步距等结构要求应符合国家现行相关脚手架规范的规定；应在立杆下部设置底座或垫板、纵向与横向扫地杆，并应在外立面设置剪刀撑或斜撑（图 5-19）；

5. 操作平台应从底层第一步水平杆起逐层设置连墙件，且连墙件间距不应大于 4m，并应设置水平剪刀撑。连墙件应为可承受拉力和压力的构件，并应与建筑结构可靠连接（图 5-20）；

图 5-16　落地式操作平台施工荷载

图 5-17　落地式操作平台的连墙件

图 5-18　平台连墙件不得与脚手架连接

图 5-19　落地式操作平台的结构

图 5-20　落地式操作平台

**5.3.2**　落地式操作平台的搭设材料及搭设技术要求、允许偏差应符合国家现行相关脚手架标准的规定（图 5-21）。

**5.3.3**　落地式操作平台应按国家现行相关脚手架标准的规定计算受弯构件强度、连接扣件抗滑承载力、立杆稳定性、连墙杆件强度与稳定性及连接强度、立杆地基承载力等（图 5-22～图 5-24）。

图 5-21　落地式操作平台的搭设材料及搭设技术要求、允许偏差应符合国家现行规定

图 5-22　抗滑件　　　　　　　图 5-23　连墙件　　　　　　　图 5-24　立杆地基承载

**5.3.4**　落地式操作平台一次搭设高度不应超过相邻连墙件以上两步（图 5-25）。

**5.3.5**　落地式操作平台拆除应由上而下逐层进行（图 5-26），严禁上下层同时作业（图 5-27），连墙件应随施工进度逐层拆除。

**5.3.6**　落地式操作平台检查验收应符合下列规定（图 5-28）：

1. 操作平台的钢管和扣件应有产品合格证；

2. 搭设前应对基础进行检查验收，搭设中应随施工进度按结构层对操作平台进行检查验收；

3. 遇 6 级以上大风、雷雨、大雪等恶劣天气及停用超过一个月，恢复使用前，应进行检查。

图 5-26 落地式操作平台拆除
应由上而下逐层进行

图 5-25 落地式操作平台一次搭设高度
不应超过相邻连墙件以上两步

图 5-27 落地式操作平台拆除
严禁上下层同时作业

落地式操作平台

图 5-28 落地式操作平台检查验收

## 5.4 悬挑式操作平台

**5.4.1** 悬挑式操作平台（图 5-29）的设置应符合下列规定：

1. 操作平台的搁置点、拉结点、支撑点应设置在稳定的主体结构上，且应可靠连接；

2. 严禁将操作平台设置在临时设施上（图 5-30）；

3. 操作平台的结构应稳定可靠，承载力应符合设计要求。

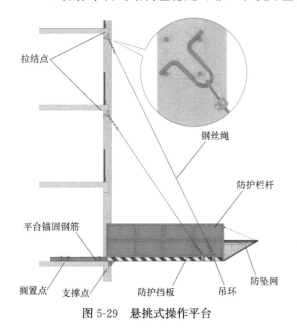

图 5-29　悬挑式操作平台

图 5-30　严禁将操作平台设置在临时设施上

**5.4.2**　悬挑式操作平台的悬挑长度不宜大于 5m，均布荷载不应大于 $5.5 \text{kN/m}^2$，集中荷载不应大于 15kN（图 5-31），悬挑梁应锚固固定（图 5-32）。

图 5-31　悬挑式操作平台悬挑长度、
均布荷载以及集中荷载

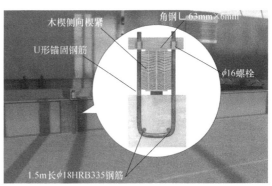

图 5-32　悬挑式操作平台的
悬挑梁应锚固固定

**5.4.3**　采用斜拉方式的悬挑式操作平台，平台两侧的连接吊环应与前后两道斜拉钢丝绳连接，每一道钢丝绳应能承载该侧所有荷载（图 5-33）。

**5.4.4**　悬挑式操作平台应设置 4 个吊环，吊运时应使用卡环，不得使吊钩直接钩挂吊环。吊环应按通用吊环或起重吊环设计，并应满足强度要求（图 5-34）。

**5.4.5**　悬挑式操作平台安装时，钢丝绳应采用专用的钢丝绳夹连接，钢丝绳夹数量应与钢丝绳直径相匹配，且不得少于 4 个（图 5-35）。建筑物锐角、利口周围系钢丝绳处应加衬软垫物（图 5-36）。

图 5-33 采用斜拉方式的悬挑式操作平台

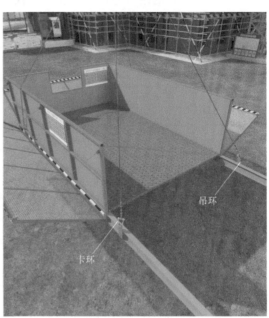

图 5-34 悬挑式操作平台吊运时应使用卡环

图 5-35 钢丝绳夹数量不少于 4 个

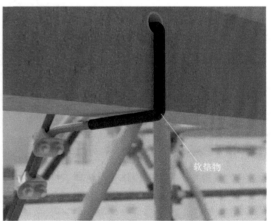

图 5-36 建筑物锐角、利口周围系
钢丝绳处应加衬软垫物

**5.4.6** 悬挑式操作平台的外侧应略高于内侧；外侧应安装防护栏杆并应设置防护挡板全封闭（图 5-37）。

**5.4.7** 作业人员不得在悬挑式操作平台吊运，安装时禁止人员上下（图 5-38）。

图 5-37　悬挑式操作平台的外侧应略高于内侧

图 5-38　操作平台吊运，安装时禁止人员上下

悬挑式操作平台

# 第6章 交 叉 作 业

## 6.1 一 般 规 定

**6.1.1** 交叉作业时，下层作业位置应处于上层作业的坠落半径之外，高空作业坠落半径应按表 6-1 确定。安全防护棚和警戒隔离区范围的设置应视上层作业高度确定，并应大于坠落半径（图 6-1）。

坠落半径　　　　　表 6-1

| 序号 | 上层作业高度($h_b$) | 坠落半径(m) |
|---|---|---|
| 1 | $2 \leqslant h_b \leqslant 5$ | 3 |
| 2 | $5 \leqslant h_b \leqslant 15$ | 4 |
| 3 | $15 \leqslant h_b \leqslant 30$ | 5 |
| 4 | $h_b > 30$ | 6 |

图 6-1　坠落半径

**6.1.2** 交叉作业时，坠落半径内应设置安全防护棚或安全防护网等安全隔离措施（图 6-2）。当尚未设置安全隔离措施时，应设置警戒隔离区，人员严禁进入隔离区（图 6-3）。

图 6-2　坠落半径内设置安全防护棚

图 6-3　交叉作业时设置警戒隔离区

**6.1.3** 处于起重机臂架回转范围内的通道，应搭设安全防护棚（图 6-4）。

**6.1.4** 施工现场人员进出的通道口，应搭设安全防护棚（图 6-5）。

图 6-4 塔臂回转半径内应设置安全通道

图 6-5 施工现场人员进出的通道口
应搭设安全防护棚

**6.1.5** 不得在安全防护棚棚顶堆放材料（图 6-6）。

**6.1.6** 当采用脚手架搭设安全防护棚架构时，应符合国家现行相关脚手架标准的规定（图 6-7）。

图 6-6 不得在安全防护棚棚顶堆放材料

图 6-7 当采用脚手架搭设安全防护棚架构时，
应符合国家现行相关脚手架标准的规定

6.1.7　对不搭设脚手架和设置安全防护棚的交叉作业，应设置安全防护网，当在多层、高层建筑外立面施工时，应在二层及每隔四层设一道固定的安全防护网，同时设一道随施工高度提升的安全防护网（图6-8）。

安全防护网

一般规定

图6-8　不搭设脚手架和设置安全防护棚的交叉作业

## 6.2　安 全 措 施

6.2.1　安全防护棚搭设应符合下列规定：

1. 当安全防护棚为非机动车辆通行时，棚底至地面高度不应小于3m（图6-9）；当安全防护棚为机动车辆通行时，棚底至地面高度不应小于4m（图6-10）。

图6-9　当安全防护棚为非机动车辆通行时，棚底至地面高度不应小于3m

2. 当建筑物高度大于24m并采用木质板搭设时，应搭设双层安全防护棚。两层防护棚的间距不应小于700mm，安全防护棚的高度不应小于4m（图6-11）。

3. 当安全防护棚的顶棚采用竹笆或木质板搭设时，应采用双层搭设，间距不应小于700mm（图6-12）；当采用木质板或与其等强度的其他材料搭设时，可采用单层搭设，木板厚度不应小于50mm（图6-13）。防护棚的长度应根据建筑物高度与可能坠落半径确定。

图 6-10 当安全防护棚为机动车辆
通行时，棚底至地面高度不应小于 4m

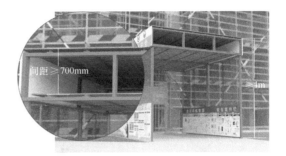

图 6-11 木质板双层安全防护棚

图 6-12 竹笆双层安全防护棚

图 6-13 木板厚度不小于 50mm

**6.2.2** 安全防护网搭设应符合下列规定（图 6-14）：

1. 安全防护网搭设时，应每隔 3m 设一根支撑杆，支撑杆水平夹角不宜小于 45°；
2. 安全防护网应外高里低，网与网之间应拼接严密。

图 6-14 安全防护网搭设规定

安全措施

# 第7章 建筑施工安全网

## 7.1 一般规定

一般规定

图 7-1 安全网

**7.1.1** 建筑施工安全网（图 7-1）的选用应符合下列规定：

1. 安全网材质、规格、物理性能、耐火性、阻燃性应满足现行国家标准《安全网》GB 5725 的规定；

2. 密目式安全立网的网目密度应为 10cm×10cm 面积上大于或等于 2000 目。

**7.1.2** 采用平网防护时，严禁使用密目式安全立网代替平网（图 7-2）。

**7.1.3** 密目式安全立网使用前，应检查产品分类标记、产品合格证、网目数及网体重量，确认合格方可使用（图 7-3）。

图 7-2 严禁使用密目式安全立网代替平网

图 7-3 密目式安全立网使用前须确认合格方可使用

## 7.2　安全网搭设

安全网搭设

**7.2.1**　安全网搭设应绑扎牢固、网间严密。安全网的支撑架应具有足够的强度和稳定性（图 7-4）。

**7.2.2**　密目式安全立网搭设时，每个开眼环扣应穿入系绳，系绳应绑扎在支撑架上，间距不得大于 450mm。相邻密目网间应紧密结合或重叠（图 7-5）。

**7.2.3**　当立网用于龙门架、物料提升架及井架的封闭防护时，四周边绳应与支撑架贴紧，边绳的断裂张力不得小于 3kN，系绳应绑在支撑架上，间距不得大于 750mm（图 7-6）。

**7.2.4**　用于电梯井、钢结构和框架结构及构筑物封闭防护的平网，应符合下列规定（图 7-7～图 7-9）：

1. 平网每个系结点上的边绳应与支撑架靠紧，边绳的断裂张力不得小于 7kN，系绳沿网边应均匀分布，间距不得大于 750mm；

2. 电梯井内平网网体与井壁的空隙不得大于 25mm，安全网拉结应牢固。

图 7-4　安全网搭设应绑扎牢固、网间严密

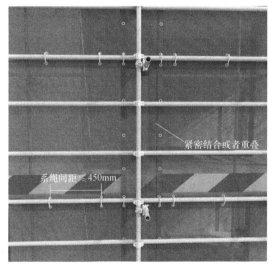

图 7-5　相邻密目网间应紧密结合或重叠

图 7-6　立网用于龙门架、物料提升架及井架的封闭防护时使用要求

图 7-7　构筑物封闭防护平网

图 7-8　钢结构防护平网

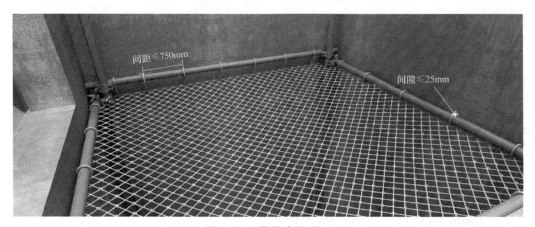

图 7-9　电梯井防护平网

# 第8章 安 全 帽

## 8.1 一 般 规 定

安全帽是对人头部受坠落物及其他特定因素引起的伤害起防护作用的帽，由帽壳、帽衬、下颏带、附件组成（图8-1）。

安全帽安全质量要求：

1. 普通安全帽质量不超过430g，防寒安全帽不超过600g。

2. 安全帽在佩戴时，头顶最高点与帽壳表面之间的轴向距离应≤50mm；帽箍与帽壳内侧之间在水平面上的径向距离为5mm～20mm。

3. 塑料、玻璃钢等材质的安全帽，应能承受5kg钢锤（头部为半圆形、外形均匀对称，材质为45号钢）自1m高度自由落下的冲击，帽衬须能缓冲、消耗规定的冲击能量，且帽壳不得有碎片脱落（《头部防护安全帽》GB 2811）。

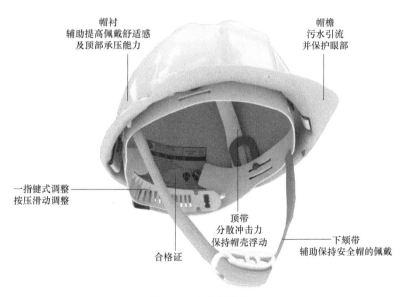

图8-1 安全帽结构

# 第 9 章 安 全 带

## 9.1 一 般 规 定

**9.1.1** 安全带分类：

安全带是防止高处作业人员发生坠落或发生坠落后将作业人员安全悬挂的个体防护装备。按照使用条件的不同，安全带分为围杆作业安全带、区域限制安全带、坠落悬挂安全带（图 9-1 和表 9-1）。

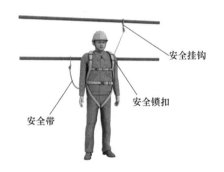

图 9-1 安全带悬挂

安全带组成 表 9-1

| 分类 | 部件组成 | 挂点装置 |
|---|---|---|
| 围杆作业安全带 | 系带、连接器、调节器(调节扣)、围杆带(围杆绳) | 杆(柱) |
| 区域限制安全带 | 系带、连接器(可选)、安全绳、连接器 | 挂点 |
| | 系带、连接器(可选)、安全绳、调节器、连接器、滑车 | 导轨 |
| 坠落悬挂安全带 | 系带、连接器(可选)、缓冲器(可选)、安全绳、连接器 | 挂点 |
| | 系带、连接器(可选)、缓冲器(可选)、安全绳、连接器 | 导轨 |
| | 系带、连接器(可选)、缓冲器(可选)、安全绳、连接器 | 挂点 |

**9.1.2** 安全带安全技术要求：

1. 安全带与身体接触的一面不应有突出物，结构应平滑。

2. 安全带应按《坠落防护 安全带系统性能测试方法》GB/T 6096 中规定的方法进行静态负荷测试，当主带或安全绳的破坏负荷低于 15kN 时应报废。

3. 主带应是整根，不能有接头，宽度不应小于 40mm。

4. 辅带宽度不应小于 20mm。

5. 安全绳（包括未展开的缓冲器）有效长度不应大于 2m，配有两根安全绳的安全带，其单根有效长度不应大于 1.2m。

6. 禁止将安全绳用作悬吊绳。悬吊绳与安全绳禁止共用连接器。

7. 每条安全带必须有以下永久性标志：

7.1　产品名称；

7.2　本标准号；

7.3　产品类别（围杆作业、区域限制或坠落悬挂）；

7.4　制造厂名；

7.5　生产日期（年、月）；

7.6　伸展长度；

7.7　产品的特殊技术性能（如果有）；

7.8　可更换的零部件标识应符合相应标准的规定；

7.9　"LA"安全标志。

安全带安全使用和管理要求：

1. 根据作业场所选择合适的安全带。

2. 安全带不允许在地面随意拖拽行走。

3. 安全带使用时应高挂低用，挂系在固定、牢固的地方，不可挂在棱角尖锐处。

活动范围较大的高处作业还要配备速差自控器（图 9-2）。速差自控器是一种收放式防坠器，安装在挂点上，装有可伸缩长度的绳（带、钢丝绳），串联在系带和挂点之间，在坠落发生时因速度变化引起制动作用的部件。

图 9-2　速差自控器

# 第10章 高处作业安全注意事项

1. 凡患有高血压、心脏病、贫血病、癫痫病以及其他不适合高处作业的人员，不得从事高处作业。

2. 高处作业人员不得在高处休息。

3. 施工时，作业人员应根据作业的实际情况配备符合国家标准的高处作业安全防护用品，如安全帽、安全带等，并按规定正确佩戴和使用（图10-1）。

4. 作业人员应穿防滑鞋，禁止穿硬底和带钉易滑的鞋进行高处作业。

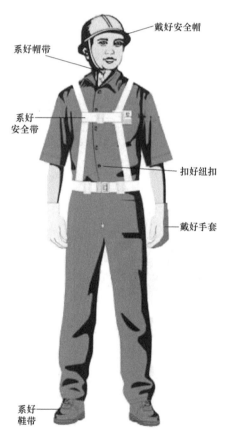

图 10-1 高处作业人员标准着装图

5. 对施工作业现场可能坠落的物料，应及时拆除或采取固定措施。高处作业所用的物料应堆放平稳，不得妨碍通行和装卸。

6. 高处作业使用的材料、工具、零件等应装入工具袋。

7. 高处作业走道、通道板和登高用具，应随时清理干净；拆卸下的物料及余料和废料应及时清理运走，不得随意放置或向下丢弃。

8. 传递物料时不得抛掷。

9. 对需临时拆除或变动的安全防护设施，应采取可靠措施，作业后应立即恢复。

10. 当遇雨、霜、雾、雪等天气进行时，应采取防滑、防冻和防雷措施，并应及时清除作业面上的水、冰、雪、霜。

11. 雨雪天气后，应对高处作业安全设施进行检查，当发现有松动、变形、损坏或脱落等现象时，应立即修理完善，维修合格后方可使用。

12. 有交叉作业时，应按指定路线上下，不得上下垂直作业，如无法避免，应采取可靠的隔离措施。

# 第二篇

# 模板支撑架

# 第1章 建筑施工扣件式钢管模板支撑架

## 1.1 施 工 方 案

**1.1.1** 危险性较大的模板支架浇筑混凝土期间，项目负责人必须在岗值班，总监理工程师必须旁站监理，现场管理人员、作业人员实行实名制登记、进出场报备制度。模板支架应按照规定编制专项施工方案，超过一定规模的应组织专家论证。经过专家论证的模板支架专项方案实施后，在首次混凝土浇筑前，论证专家组必须选派1人到场核实方案实施情况，并在架体前拍照留档。方案应包含平面图、立面图、剖面图、局部详图、立杆定位图、剪刀撑布置图、浇筑顺序图、拆除顺序图、变形监测图等图纸。建筑工程实行施工总承包的，专项方案应当由施工总承包企业组织编制。

**1.1.2** 专项方案应当由施工企业技术部门组织本单位施工技术、安全、质量等部门的专业技术人员进行审核，经审核通过的，由施工企业技术负责人签字，加盖单位法人公章后报监理企业，由项目总监理工程师审核签字并加盖执业资格注册章。

**1.1.3** 超过一定规模的危险性较大的分部分项工程的专项方案应当由施工企业组织召开专家论证会。实行施工总承包的，由施工总承包企业组织召开专家论证会。

## 1.2 构 配 件

构配件

### 1.2.1 钢管

1. 钢管宜采用 $\phi 48.3 \times 3.6$mm 钢管，每根钢管的最大质量不应大于 25.8kg（图1-1）。

2. 新钢管应有产品合格证及质量检验报告，钢管表面应平直，不应有裂缝、结疤、分层、错位、硬弯、毛刺、压痕和深的划痕。

3. 旧钢管的应检查表面锈蚀深度和弯曲变形。锈蚀度检查应每年一次，检查时应在锈蚀严重的钢管中抽取三根，在每根锈蚀严重的部位横向截断取样检查，当锈蚀深度超过规定值时，不得使用。

图1-1 $\phi 48.3 \times 3.6$mm 钢管

### 1.2.2　扣件

1. 扣件进入施工现场应检查产品合格证，并应进行抽样复试（图 1-2）。
2. 扣件螺栓的拧紧力矩不应小于 45N·m，且不应大于 65N·m（图 1-3）。

图 1-2　抽样复试

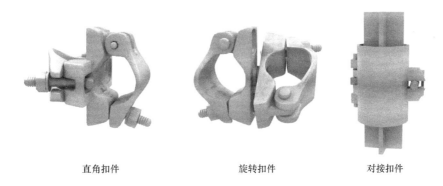

直角扣件　　　　　　　　旋转扣件　　　　　　　　对接扣件

图 1-3　扣件

3. 安装后的扣件螺栓拧紧扭力矩采用力矩扳手检查（图 1-4），抽样方法按随机分布原则进行。抽样检查数目与质量判定标准，按表 1-1 的规定确定。不合格的应重新拧紧至合格。

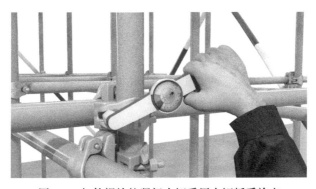

图 1-4　扣件螺栓拧紧扭力矩采用力矩扳手检查

二次抽样方案                                                                 表1-1

| 项目类别 | 检验项目 | 检查水平 | AQL | 批量范围 | 样本 | 样本大小 | | Ac | Re |
|---|---|---|---|---|---|---|---|---|---|
| 主要项目 | 抗滑性能<br>抗破坏性能<br>扭转刚度性能<br>抗拉性能<br>抗压性能 | S-4 | 4 | 281～500 | 第一<br>第二 | 8 | 8 | 0<br>1 | 2<br>2 |
| | | | | 501～1200 | 第一<br>第二 | 13 | 13 | 0<br>3 | 3<br>4 |
| | | | | 1201～10000 | 第一<br>第二 | 20 | 20 | 1<br>4 | 3<br>5 |
| 一般项目 | 外观 | S-4 | 10 | 281～500 | 第一<br>第二 | 8 | 8 | 1<br>4 | 3<br>5 |
| | | | | 501～1200 | 第一<br>第二 | 13 | 13 | 2<br>6 | 5<br>7 |
| | | | | 1201～10000 | 第一<br>第二 | 20 | 20 | 3<br>9 | 6<br>10 |

### 1.2.3 可调托撑

立杆顶部必须设置可调托撑；可调托撑外径不得小于36mm，可调托撑伸出立杆顶端的长度应小于300mm，插入立杆内的长度不得小于200mm。可调托撑受压承载力设计值不应小于40kN，支托板厚不应小于5mm（图1-5）。

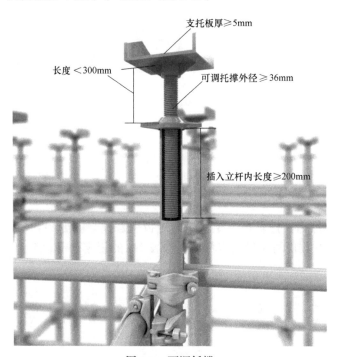

图1-5 可调托撑

# 1.3 构 造 要 求

### 1.3.1 立杆

1. 梁和板下的立杆，其纵横向间距应相等或成倍数（图1-6）。

2. 模板支架立杆间距不宜超过 1.2m×1.2m（图 1-7）；高大模板支架及厂房、地下车库、大型会议室、共享空间、大厅等模板支架立杆间距不得超过 0.9m×0.9m（图 1-8）；立杆伸出顶层水平杆中心线至支撑点的长度 $a$ 不应超过 0.5m（图 1-9）。模板支架搭设高度不宜超过 30m（图 1-10）。

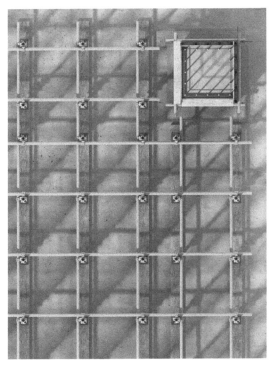

图 1-6　纵横向间距相等或成倍数

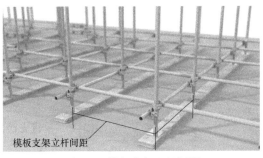

图 1-7　模板支架立杆间距
不宜超过 1.2m×1.2m

图 1-8　高大模板支架立杆间距
不超过 0.9m×0.9m

图 1-9　立杆伸出顶层水平杆中心线至支撑点的长度 $a$ 不应超过 0.5m

图 1-10　模板支架搭设高度不宜超过 30m

3. 搭设前，应根据立杆定位图进行立杆定位（图 1-11）。

图 1-11　立杆定位

4. 单根立杆的轴力标准值不宜大于 12kN，高大模板支架单根立杆的轴力标准值不宜大于 10kN。梁底每根立杆最多承担 $0.2m^3$ 混凝土的荷载（图 1-12）。

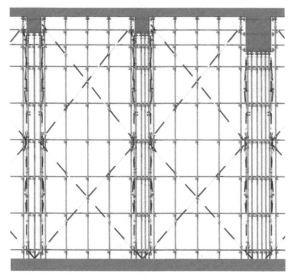

立杆

图 1-12　立杆的轴力荷载

5. 严禁将上段立杆与下段立杆错开固定在水平拉杆上（图 1-13）。

6. 立杆接长严禁搭接（图 1-14），必须采用对接扣件连接，相邻两立杆的对接接头不得在同步内，且对接接头沿竖向错开的距离不宜小于 500mm，各接头中心距主节点不宜大于步距的 1/3（图 1-15）。

图 1-13　严禁上段立杆与下段
立杆错开固定在水平拉杆上

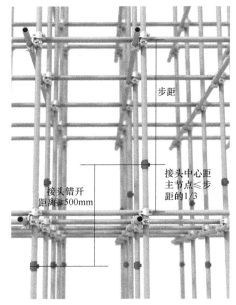

图 1-15　对接扣件连接方式

图 1-14　立杆接长严禁搭接

7. 高大模板支架搭设时，可在支架中间区域设置少量的用塔式起重机标准节安装的桁架柱（图 1-16），或用加密的钢管立杆、水平杆及斜杆搭设成的塔架的高承载力的临时柱（图 1-17）。

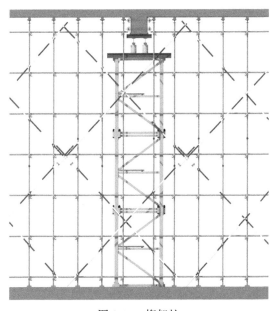

图 1-16　桁架柱

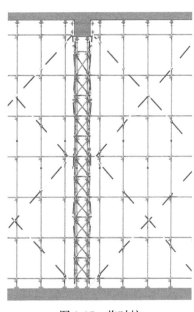

图 1-17　临时柱

8. 当立杆成一定角度倾斜，或其立杆的顶表面倾斜时，应采取可靠措施确保支点稳定，支撑底脚必须有防滑移的可靠措施（图 1-18）。

9. 除设计图另有规定者外，所有垂直支架的立杆应保证其垂直（图 1-19）。

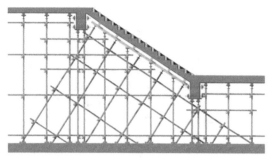

图 1-18　倾斜面的立杆防滑移可靠措施　　　　图 1-19　立杆保持垂直

10. 截面高度小于 400mm 的梁下，宜设置立杆；截面高度大于 400mm 的梁下，必须搭设立杆，立杆数量由计算确定（图 1-20）。

11. 采用扣件钢管作支架时，螺杆伸出立杆顶端长度不应大于 300mm，可调托座伸出顶层水平杆的悬臂长度不应大于 500mm（图 1-21）。

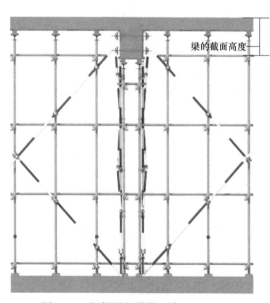

图 1-20　根据梁的横截面高度设置立杆　　　　图 1-21　可调托撑悬臂长度要求

### 1.3.2　水平杆

1. 模板支架步距不宜超过 1.8m，主节点处不得缺少水平杆。

2. 搭设时，纵、横向扫地杆和纵、横向水平杆应采用直角扣件扣在立杆上。

3. 纵向扫地杆应采用直角扣件固定在距底座上方不大于 200mm 处的立杆上（图 1-22）。

水平杆

4. 立杆基础不在同一高度上时，必须将高处的纵向扫地杆向低处延长两跨与立杆固定，高低差不应大于 1m。靠边坡上方的立杆轴线到边坡的距离不应小于 500mm（图 1-23）。

5. 可调托撑底部的立杆顶端应沿纵横向设置一道水平拉杆（图 1-24）。

6. 当层高在 8～20m 时，在最顶步距两水平拉杆中间应加设一道水平拉杆（图 1-25）；当层高大于 20m 时，在最顶两步距水平拉杆中间应分别增加一道水平拉杆（图 1-26）。

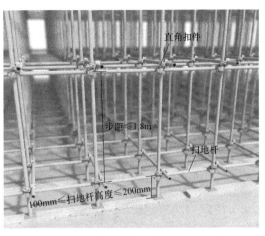

图 1-22　模板支架水平杆搭设要求

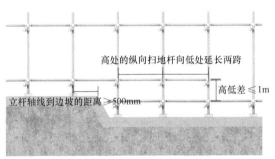

图 1-23　基础不在同一高度时，
扫地杆与立杆固定方式

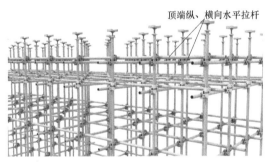

图 1-24　顶端纵、横向水平拉杆

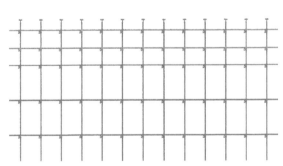

图 1-25　当层高在 8～20m 时，在最
顶步距两水平拉杆中间应加设一道水平拉杆

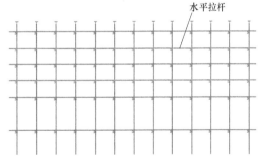

图 1-26　当层高大于 20m 时，在最顶两步距
水平拉杆中间应分别增加一道水平拉杆

7. 水平杆接长应采用对接扣件连接或搭接。并应符合下列规定：

（1）两根相邻水平杆的接头不应设置在同步或同跨内；不同步或不同跨两个相邻接头在水平方向错开的距离不应小于 500mm；各接头中心至最近主节点的距离不应大于纵距的 1/3（图 1-27）；

（2）搭接长度不应小于 1m，应等间距设置 3 个旋转扣件固定，端部扣件盖板边缘至搭接纵向水平杆杆端的距离不应小于 100mm（图 1-28）。

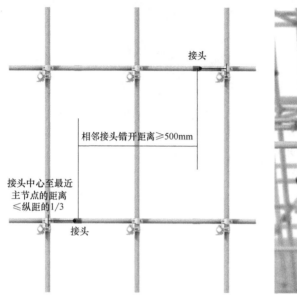

| 图 1-27　水平杆对接方式 | 图 1-28　水平杆搭接方式 |

8. 所有水平拉杆的端部均应与四周建筑物顶紧顶牢（图 1-29）。无处可顶时，应在水平拉杆端部和中部沿竖向设置连续式剪刀撑（图 1-30）。

图 1-29　所有水平拉杆的端部
均应与四周建筑物顶紧顶牢

图 1-30　应在水平拉杆端部和
中部沿竖向设置连续式剪刀撑

### 1.3.3　连墙件

1. 模板支架高宽比大于 2 时，模板支架应在支架的四周和中部与结构柱进行刚性连接，连墙件水平间距应为 6m～9m，竖向间距应为 2m～3m（图 1-31）。在无结构柱部位应采取预埋钢管等措施与建筑结构进行刚性连接（图 1-32），在有空间部位，模板支架宜超出顶部加载区投影范围外伸布置 2～3 跨。模板支架高宽比不应大于 3（图 1-33）。

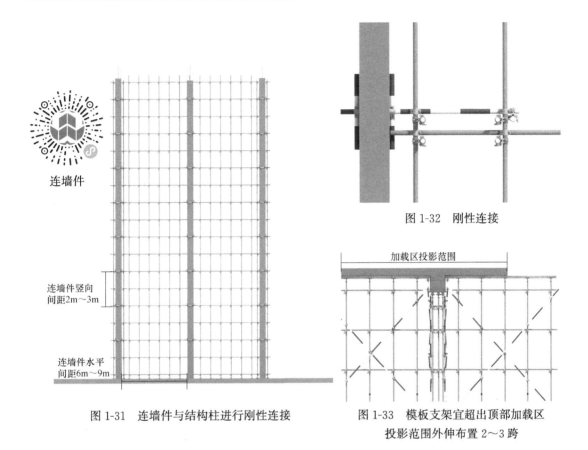

图 1-32　刚性连接

图 1-31　连墙件与结构柱进行刚性连接

图 1-33　模板支架宜超出顶部加载区
投影范围外伸布置 2～3 跨

2. 高大模板支架（厂房、地下车库、大型会议室、共享空间、大厅等支架）竖向每步距用双扣件进行拉结（图 1-34）。

3. 每个主节点处都必须三杆（立杆、纵向水平杆、横向水平杆）相交，所有节点都应有扣件连接（图 1-35）。

图 1-34　双扣件拉结方式

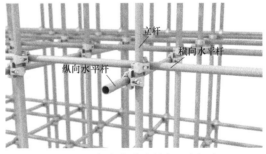

图 1-35　每个主节点处都必须三杆
（立杆、纵向水平杆、横向水平杆）相交

### 1.3.4　剪刀撑

1. 竖向剪刀撑斜杆与地面的倾角应为 45°～60°（图 1-36），水平剪刀撑与支架纵（或横）向的夹角应为 45°～60°（图 1-37），剪刀撑斜杆采用搭接接长时，搭接长度不应小于

1m，并应采用不少于 2 个旋转和扣件固定。端部扣件盖板的边缘至杆端距离不应小于 100mm（图 1-38）。

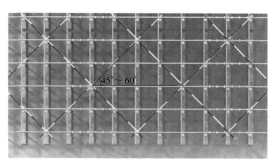

图 1-37　水平剪刀撑与支架纵（或横）向的夹角应为 45°～60°

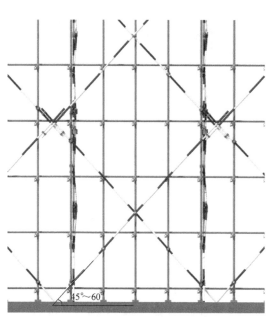

图 1-36　竖向剪刀撑斜杆与地面的倾角应为 45°～60°

图 1-38　采用搭接方式的剪刀撑搭接长度不应小于 1m，且应采用不少于 2 个旋转扣件固定，盖板边缘至杆端距离≥100mm

2. 剪刀撑应用旋转扣件固定在与之相交的水平杆或立杆上，旋转扣件中心线至主节点的距离不宜大于 150mm（图 1-39）。

图 1-39　剪刀撑应用旋转扣件固定在与之相交的水平杆或立杆上

3. 满堂支架应根据架体的类型设置剪刀撑，并应符合下列规定：

(1) 普通型

在架体外侧周边及内部纵、横向每 5m～8m，应由底至顶设置连续竖向剪刀撑，剪刀撑宽度应为 5m～8m（图 1-40）。

在竖向剪刀撑顶部交点平面应设置连续水平剪刀撑。当支撑高度超过 8m，或施工总荷载大于 $15kN/m^2$，或集中线荷载大于 20kN/m 的支架，扫地杆的设置层应设置水平剪刀撑。水平剪刀撑至架体底平面距离与水平剪刀撑间距不宜超过 8m（图 1-41）。

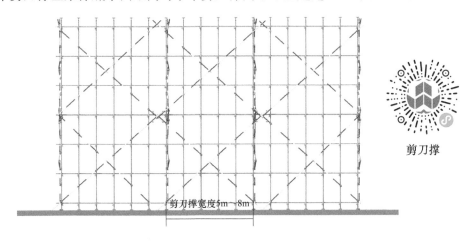

剪刀撑宽度5m～8m

剪刀撑

图 1-40　剪刀撑宽度应为 5m～8m

架体底平面距离与水平剪刀撑间距≤8m

图 1-41　竖向剪刀撑顶部交点平面应设置连续水平剪刀撑

(2) 加强型

当立杆纵、横间距为 0.9m×0.9m～1.2m×1.2m 时，在架体外侧周边及内部纵、横向每 4 跨（且不大于 5m），应由底至顶设置连续竖向剪刀撑，剪刀撑宽度应为 4 跨（图 1-42）。

当立杆纵、横间距为 0.6m×0.6m～0.9m×0.9m（含 0.6m×0.6m，0.9m×0.9m）时，在架体外侧周边及内部纵、横向每 5 跨（且不小于 3m），应由底至顶设置连续竖向剪刀撑，剪刀撑宽度应为 5 跨（图 1-43）。

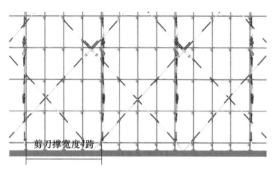

图 1-42 剪刀撑宽度为 4 跨    图 1-43 剪刀撑宽度为 5 跨

当立杆纵、横间距为 0.4m×0.4m～0.6m×0.6m（含 0.4m×0.4m）时，在架体外侧周边及内部纵、横向每 3m～3.2m，应由底至顶设置连续竖向剪刀撑，剪刀撑宽度应为 3m～3.2m（图 1-44）。

在竖向剪刀撑顶部交点平面应设置水平剪刀撑。水平剪刀撑至架体底平面距离与水平剪刀撑间距不宜超过 6m（图 1-45），剪刀撑宽度应为 3m～5m（图 1-46）。

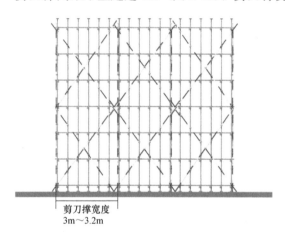

图 1-44 剪刀撑宽度为 3m～3.2m

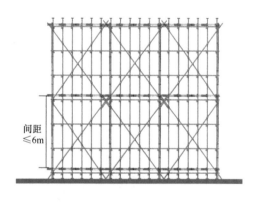

图 1-45 水平剪刀撑至架体底平面距离与水平剪刀撑间距不宜超过 6m

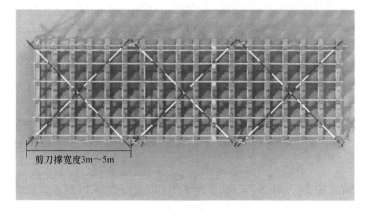

图 1-46 剪刀撑宽度应为 3m～5m

## 1.4　施　工

### 1.4.1　基础

1. 基础应坚实、平整，承载力应符合设计要求，并应能承受支架上部全部荷载（图 1-47）。

基础

图 1-47　基础应坚实、平整，承载力应符合设计要求

2. 竖向模板和支架立杆支承部分安装在基土上时，应加设垫板，垫板应有足够强度和支承面积，且应中心承载。基土应坚实，并应有排水措施。

3. 垫板应采用长度不少于 2 跨、厚度不小于 50mm、宽度不小于 200mm 的木垫板（图 1-48）。

4. 当架体搭设在永久性建筑结构混凝土基面时，立杆下底座或垫板可根据情况不设置（图 1-49）。

图 1-48　模板支架安装在基土上时，
应加设垫板，设有排水措施

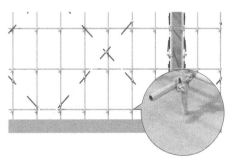

图 1-49　架体搭设在永久性建筑结构混凝土
基面时，立杆下底座或垫板不设置情况

5. 当支架设在楼面结构上时，应对楼面结构强度进行验算，必要时应对楼面结构采取加固措施。下层楼板应具有承受上层施工荷载能力，否则应加设支撑支架（图 1-50）。当下层楼板不能承受上层施工荷载时，下层楼板模板支架不得拆除，同时对应上层高支模区域大梁下立杆位置，增加立杆进行加固，或由设计单位提出处理方案（图 1-51）。

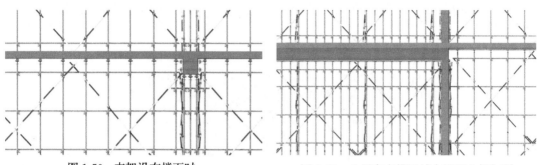

图 1-50　支架设在楼面时，
应对楼面结构验算加固

图 1-51　上层高支模区域大梁下立杆加固

### 1.4.2　搭设

扣件式钢管支架搭设工艺为：定位放线→铺设垫木→放置底托或可调底托→放置纵向扫地杆→设置立杆→设置横向扫地杆→安装第一步纵向水平杆和横向水平杆→安装第二步纵向水平杆和横向水平杆→安装第三、四……步纵向水平杆和横向水平杆→安装可调托撑（以此类推）（图 1-52）。

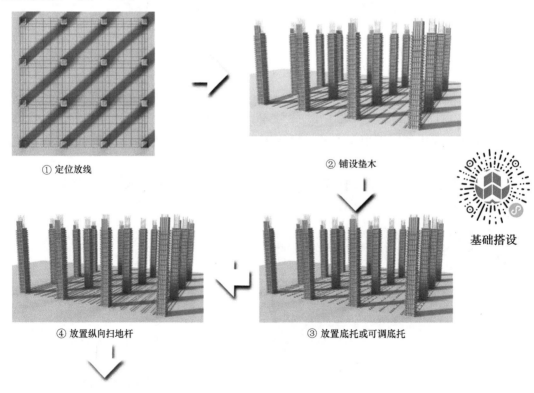

① 定位放线

② 铺设垫木

基础搭设

④ 放置纵向扫地杆

③ 放置底托或可调底托

图 1-52　搭设过程（一）

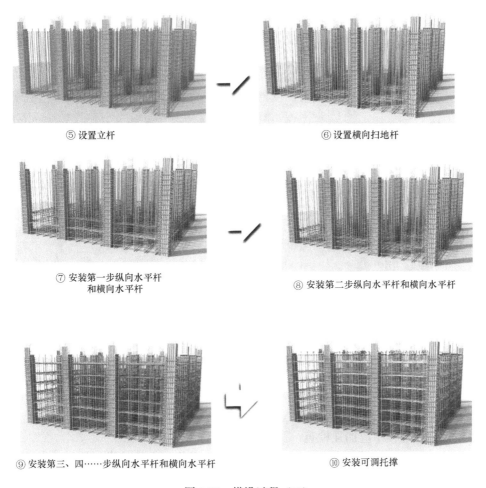

⑤ 设置立杆　　　　　　　　　⑥ 设置横向扫地杆

⑦ 安装第一步纵向水平杆和横向水平杆　　　　　　⑧ 安装第二步纵向水平杆和横向水平杆

⑨ 安装第三、四……步纵向水平杆和横向水平杆　　　　　　⑩ 安装可调托撑

图 1-52　搭设过程（二）

### 1.4.3　检查与验收

1. 扣件式钢管支架应在以下阶段进行检查和验收（图 1-53）：

（1）基础完工后及扣件式钢管支架搭设前；

（2）超过 8m 的高支模架搭设至一半高度后；

（3）遇 6 级以上大风、大雨、大雪后；

（4）停工超过一个月恢复使用前；

（5）达到设计高度后。

检查与验收

2. 对按规定需要验收的危险性较大的分部分项工程，施工企业、监理企业应当组织项目负责人、专项方案编制人、项目技术负责人、总监理工程师、专业监理工程师等有关人员进行验收。验收合格的，经项目技术负责人及项目总监理工程师签字后，方可进入下一道工序。

3. 扣件式钢管支架搭设前，应对架体基础进行验收，按专项方案要求进行放线定位，弹出梁、板支撑立杆定位点（图 1-54）。搭设时要同步搭设上人斜道，保证作业人员上下安全（图 1-55）。

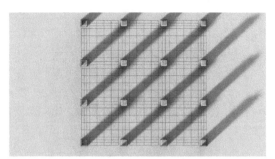

图 1-54　按专项方案要求进行放线
定位，弹出梁、板支撑立杆定位点

图 1-53　扣件式钢管支架检查和验收

图 1-55　搭设时要同步搭设上人
斜道，保证作业人员上下安全

4. 模板搭设过程中应加强检查，及时纠偏。

5. 扣件式钢管支架搭设完毕后，进入下一道工序前，应经建设、施工、监理单位共同验收合格后，方可进入下一道工序。

**1.4.4　混凝土浇筑**

1. 项目技术负责人和总监签发混凝土浇捣令后，方可浇筑混凝土。

2. 高大模板支架及厂房、地下车库、大型会议室、共享空间、大厅等模板支架严禁梁、板、柱混凝土同时浇筑，应先浇筑柱、墙等竖向结构混凝土，等柱、墙混凝土强度足以抵抗混凝土水平荷载后，再浇筑梁、板水平结构混凝土；且该类结构浇筑混凝土时，应使用汽车泵，不应使用输送泵浇筑。

3. 浇筑混凝土时，应指定专人采用科技手段对扣件式钢管支架进行监测，出现异常或监测数据达到监测报警值时，应立即停止作业，待查明原因并经处理合格后方可继续施工（图 1-56）。发现架体存在坍塌征兆时应立即组织作业人员撤离现场，严禁安排工人加固。在浇筑混凝土作业时，支架下部范围内严禁监测人员和其他人员作业、行走或停留（图 1-57）。

4. 严格控制施工荷载，不能超过设计值，避免材料集中堆放、人员集中站立；采用布料机进行混凝土浇筑时，应对布料机下部支撑体系进行加固。

5. 应控制扣件式钢管支架混凝土浇筑作业层上的施工荷载，集中堆载不应超过设计值（图 1-58）。

混凝土浇筑

图 1-56　专人采用科技手段对扣件式钢管支架进行监测

图 1-57　浇筑混凝土时，下方严禁站人　　　图 1-58　严格控制施工荷载，避免材料集中堆放

### 1.4.5　拆除

1. 扣件式钢管支架拆除前应对拆除人员进行安全技术交底，并做好交底书面手续（图 1-59）。

2. 扣件式钢管支架拆除应由专业操作人员作业，专人监护，在拆除区域周边设置围栏和警戒标志，专人看管，严禁非操作人员入内（图 1-60）。

图 1-59　拆除前应对拆除人员进行安　　　图 1-60　在拆除区域周边设置围栏和
全技术交底，并做好交底书面手续　　　警戒标志，专人看管，严禁非操作人员入内

3. 扣件式钢管支架的拆除作业应符合下列规定：

（1）按照先支后拆的原则，自上而下逐层进行，严禁上下层同时进行拆除作业（图 1-61）。

（2）拆除顺序依次为次承重模板、主承重模板、支架体。同一层的构配件和加固件应按先上后下、先外后里的顺序拆除。

拆除

图 1-61　严禁上下层同时进行拆除作业

（3）拆除大跨度梁下立杆时，应先从跨中开始，分别向两端拆除。

（4）水平杆和剪刀撑，必须在支架立杆拆卸到相应的位置时方可拆除。

（5）连墙件必须随支架逐步拆除，严禁先将连墙件全部或数步拆除后再拆支架（图 1-62）。

（6）在拆除过程中，支架的自由悬空高度不得超过两步。当自由悬空高度超过两步时，应加设临时拉结。

图 1-62　严禁先将连墙件全部或数步拆除后再拆支架

4. 支架拆除时，严禁超过两人在同一垂直平面上操作。严禁将拆卸的杆件、零配件向地面抛掷（图 1-63）。

5. 混凝土后浇带未施工前，支撑不得拆除。

6. 多层混凝土结构，在上层混凝土未浇筑时，除经验证支承面已有足够的承载能力外，严禁拆除下一层的扣件式钢管支架。

7. 地下车库覆土顶板应采用梁板结构，不得采用无梁楼盖，地下车库覆土顶板上部回填土时，覆土厚度不宜超过 2m（图 1-64）。

8. 扣件式钢管支架使用期间，严禁擅自拆除架体结构杆件，如需拆除必须报请工程项目技术负责人以及总监理工程师同意，确定防控措施后方可实施。

图 1-63 严禁将拆卸的杆件、零配件向地面抛掷

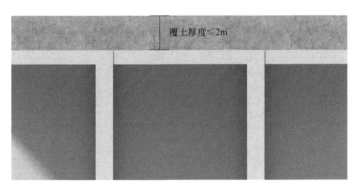

图 1-64 地下车库覆土顶板上部回填土时，覆土厚度不宜超过 2m

# 第2章 建筑施工承插型盘扣式钢管模板支撑架

## 2.1 构造要求

### 2.1.1 一般要求

1. 脚手架的构造体系应完整，保证脚手架的整体稳定性（图2-1）。

2. 应根据施工方案计算得出的立杆纵向、横向间距选用定长的水平杆和斜杆，并应根据搭设高度组合立杆、基座、可调托撑和可调底座。

3. 脚手架搭设步距不应超过2m。

4. 脚手架的竖向斜杆不应采用钢管扣件。

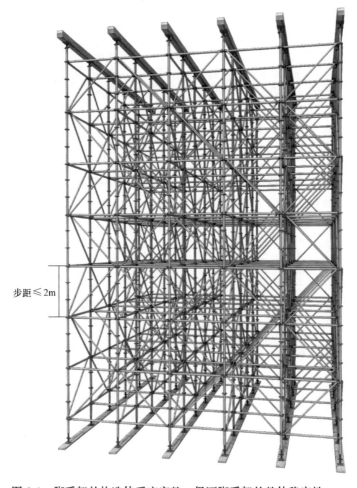

步距≤2m

构造一般要求

图2-1 脚手架的构造体系应完整，保证脚手架的整体稳定性

# 2.2　支　撑　架

## 2.2.1　支撑架

1. 支撑架的高宽比宜控制在 3 以内，高宽比大于 3 的支撑架应与既有结构做刚性连接或增加抗倾覆措施（图 2-2）。

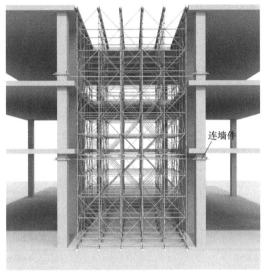

连墙件

支撑架

图 2-2　高宽比大于 3 的支撑架应与既有结构做刚性连接

2. 支撑架应根据脚手架搭设高度、支撑架型号及立杆轴力设计值，合理布置竖向斜杆，布置类型宜符合表 2-1 中的要求。

支撑架竖向斜杆布置类型　　　　　　表 2-1

| 支撑架型号 | 立杆轴力设计值 (kN) | 搭设高度 $H$(m) | | | |
|---|---|---|---|---|---|
| | | $H \leqslant 8$ | $8 < H \leqslant 16$ | $16 < H \leqslant 24$ | $H > 24$ |
| B | $N \leqslant 25$ | TD | TD | TC | TB |
| Z | $N \leqslant 40$ | | | | |
| B | $25 < N \leqslant 40$ | TC | TB | TB | TB |
| Z | $40 < N \leqslant 65$ | | | | |
| B | $40 < N \leqslant 55$ | TB | TB | TB | TA |
| Z | $65 < N \leqslant 95$ | | | | |
| B | $N > 55$ | TB | TB | TA | TA |
| Z | $N > 95$ | | | | |

注：① 立杆轴向力设计值应按下列公式计算；

不组合风荷载时：

$$N = \gamma_G \sum N_{Gk} + \gamma_Q \sum N_{Qk}$$

组合风荷载时：

$$N = \gamma_G \sum N_{Gk} + 0.9 \times \gamma_Q \sum N_{Qk}$$

式中：$\gamma_G$——永久荷载分项系数；

　　　$\gamma_Q$——可变荷载分项系数；

$N$——立杆轴向力设计值（kN）；

$\sum N_{Gk}$——永久荷载标准值产生的立杆轴向力总和（kN）；

$\sum N_{Qk}$——可变荷载标准值产生的立杆轴向力总和（kN）。

② 立杆轴力设计值和脚手架搭设高度为同一独立架体内的最大值；

③ 表 2.2.2 适用于步距为 1.5m 的架体；

④ 当 $H>16m$ 时，顶层步距内满设竖向斜杆；

⑤ T：Type 简写，斜杆打法样式，分 TA、TB、TC、TD 四类。

TA：竖向斜杆沿纵、横向每跨搭设（图 2-3）

TB：竖向斜杆沿纵、横向每间隔 1 跨搭设（图 2-4）；

TC：竖向斜杆沿纵、横向每间隔 2 跨搭设（图 2-5）；

TD：竖向斜杆沿纵、横向每间隔 3 跨搭设（图 2-6）。

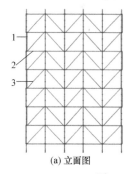 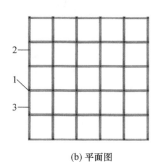

(a) 立面图　　　　　　　　　(b) 平面图

图 2-3　TA 支撑架斜杆设置示意图

1—立杆；2—水平杆；3—竖向斜杆

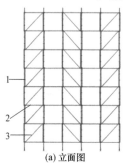 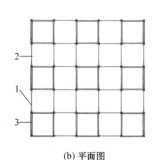

(a) 立面图　　　　　　　　　(b) 平面图

图 2-4　TB 支撑架斜杆设置示意图

1—立杆；2—水平杆；3—竖向斜杆

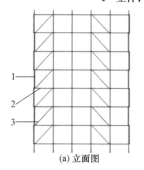 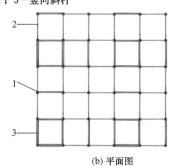

(a) 立面图　　　　　　　　　(b) 平面图

图 2-5　TC 支撑架斜杆设置示意图

1—立杆；2—水平杆；3—竖向斜杆

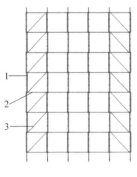
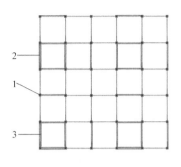

(a) 立面图      (b) 平面图

图 2-6 TD 支撑架斜杆设置示意图

1—立杆；2—水平杆；3—竖向斜杆

3. 支撑架可调托撑伸出顶层水平杆长度或双槽托梁中心线的悬臂长度严禁超过 650mm，且丝杆外露长度严禁超过 400mm，可调托撑插入立杆或双槽托梁长度不得小于 200mm（图 2-7）。

4. 支撑架可调底座丝杆插入立杆长度不得小于 200mm，丝杆外露长度不宜大于 300mm，作为扫地杆的最底层水平杆中心线高度离可调底座的底板高度不应大于 550mm（图 2-8）。

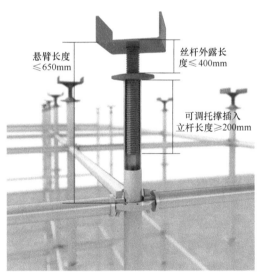
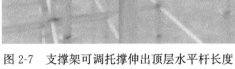

图 2-7 支撑架可调托撑伸出顶层水平杆长度

图 2-8 支撑架可调底座丝杆插入立杆长度

5. 支撑架搭设高度超过 8m，有既有建筑结构时，应沿高度每间隔 4～6 个步距与周围已建成的结构进行可靠拉结（图 2-9）。

6. TA、TB 类支撑架，沿高度每间隔 4～6 个标准步距应设置水平剪刀撑并符合现行行业标准《建筑施工扣件式钢管脚手架安全技术规范》JGJ 130 中钢管水平剪刀撑的相关规定（图 2-10）。

7. 当以独立塔架形式搭设支撑架时，应沿高度间隔 2～4 个步距与相邻的独立塔架水平拉结。

8. 当支撑架架体内设置与单支水平杆同宽的人行通道时，可间隔抽除第一层水平杆和斜杆形成施工人员进出通道，与通道正交的两侧立杆间应设置竖向斜杆；当支撑架架体内设置与单支水平杆不同宽的人行通道时，应在通道上部架设支撑横梁，横梁的型号及间距应依据荷载确定。通道相邻跨支撑横梁的立杆间距应根据计算设置，通道周围的支撑架应连成整体。洞口顶部应铺设封闭的防护板，相邻跨应设置安全网。通行机动车的洞口必须设置安全警示和防撞设施。

图 2-9  每间隔 4～6 个步距与周围
已建成的结构进行可靠拉结

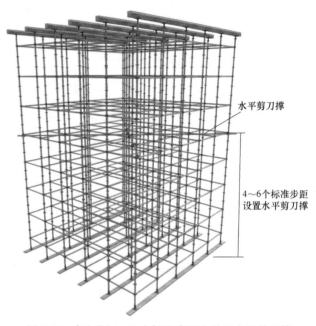

图 2-10  每间隔 4～6 个标准步距应设置水平剪刀撑

## 2.3  安装与拆除

### 2.3.1  施工准备

1. 支撑架施工前应根据施工对象情况、地基承载力、搭设高度，编制专项施工方案，并应经审核批准后实施（图 2-11）。

安装与拆除—
施工准备

2. 搭设操作人员必须经过专业技术培训和专业考试合格后，持证上岗。支撑架搭设前（图 2-12），施工管理人员应按专项施工方案的要求对操作人员进行技术和安全作业交底（图 2-13）。

3. 经验收合格的构配件应按品种、规格分类码放，并应标挂数量、规格铭牌备用。构配件堆放场地应排水畅通、无积水（图 2-14）。

4. 作业架连墙件、托架、悬挑梁固定螺栓或吊环等预埋件的设置，应提前与相关部门协商，并应按设计要求预埋（图 2-15）。

5. 支撑架搭设场地必须平整、坚实，有排水措施（图 2-16）。

图 2-11　编制专项施工方案，
并应经审核批准后实施

图 2-12　搭设操作人员必须经过专业技术培
训和专业考试合格后，持证上岗

图 2-13　施工管理人员应按专项施工方
案的要求对操作人员进行技术和安全作业交底

图 2-14　经验收合格的构配件应按品种、规格
分类码放，并应标挂数量、规格铭牌备用

图 2-15　提前与相关部门协商，
并应按设计要求预埋

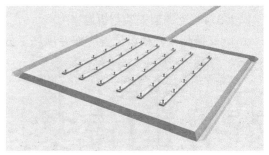

图 2-16　支撑架搭设场地必须平整、
坚实，有排水措施

**2.3.2　施工方案**

专项施工方案应包括下列内容：

（1）编制依据：相关法律、法规、规范性文件、标准、规范及施工图设计文件、施工组织设计等；

（2）工程概况：危险性较大的分部分项工程概况和特点、施工平面布置、施工要求和技术保证条件；

（3）施工计划：包括施工进度计划、材料与设备计划；

（4）施工工艺技术：技术参数、工艺流程、施工方法、操作要求、检查要求等；

（5）施工安全质量保证措施：组织保障措施、技术措施、监测监控措施、应急预案等危险源清单；

（6）施工管理及作业人员配备和分工：施工管理人员、专职安全生产管理人员、特种作业人员、其他作业人员等；

（7）验收要求：验收标准、验收程序、验收内容、验收人员等；

（8）应急处置措施；

（9）计算书及相关施工图纸。

**2.3.3　地基与基础**

1. 脚手架基础应按专项施工方案进行施工，并应按基础承载力要求进行验收，脚手架应在地基基础验收合格后搭设（图 2-17）。

2. 土层地基上的立杆下应采用可调底座和垫板，垫板的长度不宜少于 2 跨（图 2-18）。

图 2-17　应按专项施工方案进行施工，
并应按基础承载力要求进行验收

图 2-18　土层地基上的立杆下
应采用可调底座和垫板

3. 当地基高差较大时，可利用立杆节点位差配合可调底座进行调整（图 2-19）。

**2.3.4　支撑架安装与拆除**

1. 支撑架立杆搭设位置应按专项施工方案放线确定（图 2-20）。

图 2-19　利用立杆节点位差
配合可调底座进行调整

图 2-20　支撑架立杆搭设位置应
按专项施工方案放线确定

2. 支撑架搭设应根据立杆放置可调底座（图 2-21），应按先立杆（图 2-22）后水平杆（图 2-23）再斜杆（图 2-24）的顺序搭设，形成基本的架体单元，应以此扩展搭设成整体脚手架体系。

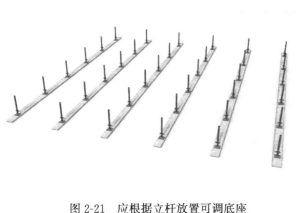

图 2-21　应根据立杆放置可调底座

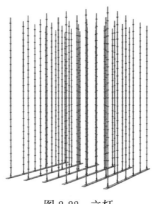

图 2-22　立杆

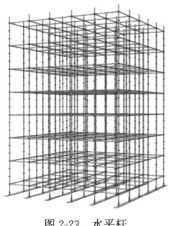

图 2-23　水平杆

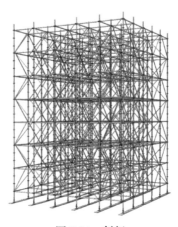

图 2-24　斜杆

3. 可调底座和土层基础上垫板应准确放置在定位线上，保持水平。垫板应平整、无翘曲，不得采用已开裂木垫板（图 2-25）。

4. 在多层楼板上连续设置支撑架时，宜保证上下层支撑立杆在同一轴线上（图 2-26）。

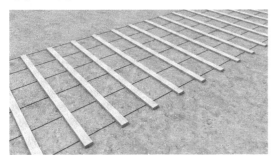

图 2-25　可调底座和土层基础
上垫板应准确放置在定位线上

图 2-26　在多层楼板上连续设置支撑架时，
宜保证上下层支撑立杆在同一轴线上

5. 支撑架搭设完成后施工管理人员应组织对支撑架进行验收，并应确认符合专项施工方案要求后再进入下一道工序施工（图 2-27）。

6. 可调底座和可调托撑安装完成后，应保证立杆外表面与台阶式可调螺母吻合，立杆外径与螺母台阶内径差不应大于 2mm（图 2-28）。

立杆外径与螺母台阶内径差≤2mm

图 2-27　支撑架搭设完成后施工
管理人员应组织对支撑架进行验收

图 2-28　立杆外径与螺母台阶
内径差不应大于 2mm

7. 水平杆及斜杆插销安装完成后，应锤击抽查插销连续下沉量不大于 3mm（图 2-29）。

8. 架体吊装时，立杆间连接宜增设立杆连接件（图 2-30）。

图 2-29　锤击抽查插销连续下沉量不大于 3mm

图 2-30　立杆间连接增设立杆连接件

9. 架体搭设与拆除过程中，可调底座（图 2-31）、可调托撑（图 2-32）、基座等小型构件宜采用人工传递。吊装作业应由专人指挥信号，严禁碰撞架体。

10. 支撑架搭设完成后，立杆的垂直偏差不应大于支撑架总高度的 1/500，且不得大于 50mm（图 2-33）。

11. 拆除作业应按先装后拆、后装先拆的原则进行，从顶层开始，逐层向下进行，严禁上下层同时作业，严禁抛掷。

12. 分段、分立面拆除时，应确定分界处的技术处理方案，并应保证分段后架体稳定。

图 2-31　可调底座

图 2-32　可调托撑

支撑架安装与拆除

图 2-33　立杆的垂直偏差不应大于支撑架总高度的 1/500，且不得大于 50mm

## 2.4　检查与验收

**2.4.1**　对进入现场的承插型盘扣式钢管脚手架构配件的检查与验收应符合下列规定：

（1）应有承插型盘扣式钢管脚手架产品标识及产品质量合格证、型式检验报告；

（2）应有承插型盘扣式钢管脚手架产品主要技术参数及产品使用说明书；

（3）当对支撑架及构件质量有疑问时，应进行质量抽检和整架试验（图 2-34）。

**2.4.2**　下列情况，支撑架应进行检查和验收：

（1）基础完工后及支撑架搭设前；

（2）超过 8m 的高支模每搭设完成 6m 高度后；

（3）搭设高度达到设计高度后和混凝土浇筑前；

（4）停用一个月以上，恢复使用前；

图 2-34　进行支撑架质量抽检与整架试验

（5）遇 6 级以上强风、大雨及冻结地区解冻后。

**2.4.3**　对支撑架应重点检查和验收下列内容：

（1）基础应符合设计要求，并应平整坚实，立杆与基础间应无松动、悬空现象，底座、支垫应符合规定；

（2）搭设的架体应符合设计要求，搭设方法和斜杆、剪刀撑等设置应符合本标准规定；

（3）可调托撑和可调底座伸出水平杆的悬臂长度应符合设计限定要求；

（4）水平杆扣接头、斜杆扣接头与连接盘的插销处于销紧状态（图 2-35）。

检查与验收

图 2-35　水平杆扣接头、斜杆扣接头与连接盘的插销处于销紧状态

**2.4.4** 当支撑架需要堆载预压时应符合下列要求：

（1）应编制专项支撑架堆载预压方案，预压前应进行安全技术交底；

（2）预压荷载布置应严格模拟结构物实际荷载分布情况进行分级、对称预压，预压监测及加载分级标准执行现行行业标准《钢管满堂支架预压技术规程》JGJ/T 194 的相关规定。

**2.4.5** 支撑架验收后应形成记录，记录表应符合相关要求（图 2-36）。

## 支撑架施工验收记录表

| 项目名称 | | | | | | | | |
|---|---|---|---|---|---|---|---|---|
| 搭设部位 | | | 高度 | | 跨度 | | 最大荷载 | |
| 搭设班组 | | | 班组长 | | | | | |
| 操作人员持证人数 | | | 证书符合性 | | | | | |
| 专项方案编审程序符合性 | | | 技术交底情况 | | | 安全交底情况 | | |
| 钢管支架 | 进场前质量验收情况 | | | | | | | |
| | 材质、规格与方案的符合性 | | | | | | | |
| | 使用前质量检测情况 | | | | | | | |
| | 外观质量检查情况 | | | | | | | |
| 检查内容 | | 允许偏差(mm) | 方案要求(mm) | 实际情况（mm） | | | | 符合性 |
| 立杆垂直度≤L/500 且±50 | | ±5 | | | | | | |
| 水平杆水平度 | | ±5 | | | | | | |
| 可调托座 | 垂直度 | ±5 | | | | | | |
| | 插入立杆深度≥100 | -5 | | | | | | |
| 可调底座 | 垂直度 | ±5 | | | | | | |
| | 插入立杆深度≥150 | -5 | | | | | | |
| 立杆组合对角线长度 | | ±6 | | | | | | |
| 立杆 | 梁底纵、横向间距 | | | | | | | |
| | 板底纵、横向间距 | | | | | | | |
| | 竖向接长位置 | | | | | | | |
| | 基础承载力 | | | | | | | |
| 水平杆 | 纵、横向水平杆设置 | | | | | | | |
| | 梁底纵、横向步距 | | | | | | | |
| | 板底纵、横向步距 | | | | | | | |
| | 插销销紧情况 | | | | | | | |
| 竖向斜杆 | 最底层步距处设置情况 | | | | | | | |
| | 最顶层步距处设置情况 | | | | | | | |
| | 其他部位 | | | | | | | |
| 剪刀撑 | 垂直纵、横向设置 | | | | | | | |
| | 水平向 | | | | | | | |
| 扫地杆设置 | | | | | | | | |
| 与已建结构物拉结设置 | | | | | | | | |
| 其他 | | | | | | | | |
| 施工单位检查结论 | 结论： | | | 检查日期： 年 月 日 | | | | |
| | 检查人员： | | 项目技术负责人： | | | 项目经理： | | |
| 监理单位验收结论 | 结论： | | | 验收日期： 年 月 日 | | | | |
| | 专业监理工程师： | | | 总监理工程师： | | | | |

图 2-36 支撑架施工验收记录表

## 2.5　安全管理与维护

**2.5.1**　支撑架搭设人员必须经过培训持证上岗（图 2-37）。

**2.5.2**　支撑架搭设作业人员应正确佩戴使用安全帽、安全带和防滑鞋（图 2-38）。

**2.5.3**　严禁作业人员酒后上岗，操作期间严禁吸烟。

**2.5.4**　必须执行施工方案要求，遵循支撑架安装及拆除工艺流程。

图 2-37　支撑架搭设人员必须经过培训持证上岗　　　　图 2-38　支撑架搭设作业人员应正确佩戴
　　　　　　　　　　　　　　　　　　　　　　　　　　　　　　　使用安全帽、安全带和防滑鞋

**2.5.5**　支撑架使用过程应明确专人管理。

**2.5.6**　不得在架体上集中堆放施工用材料，应控制作业层上的施工荷载（图 2-39）。

图 2-39　不得在架体上集中堆放施工用材料

**2.5.7**　如需预压，应控制荷载的分布与设计方案一致。

**2.5.8**　支撑架受荷过程中，应按照对称、分层、分级的原则进行，严禁集中堆载、卸载；并应派专人在安全区域内监测支撑架的工作状态。

**2.5.9** 支撑架使用期间，不得擅自拆改架体结构杆件或在架体上增设其他设施。

**2.5.10** 严禁在支撑架基础影响范围内进行挖掘作业（图 2-40）。

**2.5.11** 拆除的支撑架构件，严禁抛掷（图 2-41）。

图 2-40　严禁在支撑架基础影响范围内进行挖掘作业

图 2-41　拆除的支撑架构件，严禁抛掷

**2.5.12** 施工区域内应设置安全警戒线（图 2-42）。

**2.5.13** 在支撑架上进行电气焊作业时，必须有防火措施和专人监护。

**2.5.14** 支撑架应与架空输电线路保持安全距离，野外空旷地区搭设支撑架应按现行行业标准《施工现场临时用电安全技术规范》JGJ 46 的有关规定设置防雷措施。

**2.5.15**　架体门洞、过车通道，应设置明显警示标识及防超限栏杆。

**2.5.16**　保持支撑架工作区域内整洁卫生，物料码放整齐有序，通道畅通。

**2.5.17**　遇有重大突发天气变化时，应提前做好防御措施。

图 2-42　施工区域内应设置安全警戒线

安全管理与维护

# 第三篇

# 高处作业吊篮

# 第1章  吊篮定义及分类

高处作业吊篮（以下简称吊篮）是指将悬挂装置架设于建筑物或构筑物上，起升机构通过钢丝绳驱动平台沿立面上下运行的一种非常设悬挂接近设备。

注 1：吊篮按其安装方式也可称为非常设悬挂接近设备。

注 2：吊篮通常由悬挂平台和工作前现场组装的悬挂装置组成。在工作完成后，吊篮被拆卸从现场撤离，并可在其他地方重新安装和使用。

引文文件：

《高处作业吊篮》GB/T 19155

《建筑施工工具式脚手架安全技术规范》JGJ 202

《工程质量安全手册（试行）》

《高处作业吊篮安装、拆卸、使用技术规程》JB/T 11699

《安全帽》GB 2811

《安全网》GB 5725

《安全带》GB 6095

# 第 2 章　吊 篮 结 构

高处作业吊篮主要由悬挂机构、悬吊平台、起升机构、安全锁、工作钢丝绳、安全钢丝绳、电气控制系统等组成（图 2-1）。

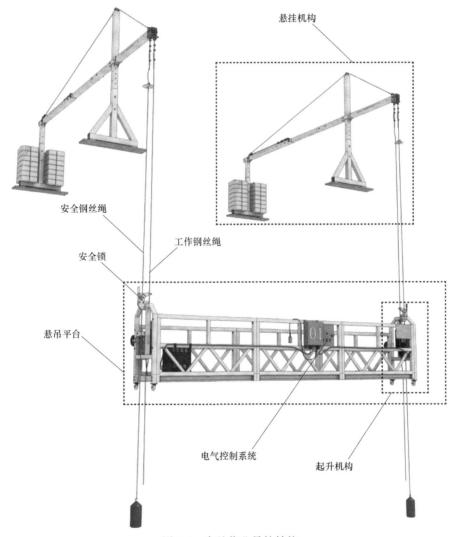

图 2-1　高处作业吊篮结构

## 2.1　悬 挂 装 置

悬挂装置——作为吊篮的一部分，用于悬吊平台的装置（图 2-2）。

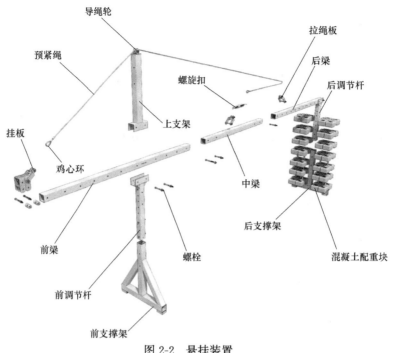

图 2-2 悬挂装置

## 2.2 悬 吊 平 台

悬吊平台通过钢丝绳悬挂于空中，四周装有护栏，用于搭载操作者、工具和材料（图 2-3）。

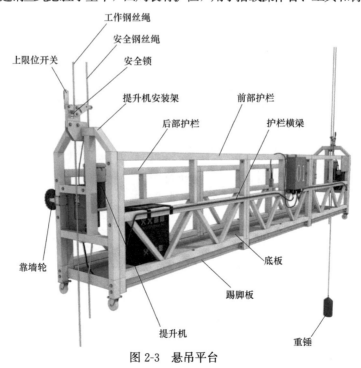

图 2-3 悬吊平台

## 2.3　起升机构

起升机构（图 2-4）分类：

爬升式起升机构：依靠钢丝绳和驱动绳轮间的摩擦力驱动钢丝绳使平台上下运行的机构，钢丝绳尾端无作用力（图 2-5）。

夹钳式起升机构：由两对夹钳组成牵引装置的起升机构。

卷扬式起升机构：在卷筒上缠绕单层或多层钢丝绳，依靠卷筒驱动钢丝绳使平台上下运行的机构。

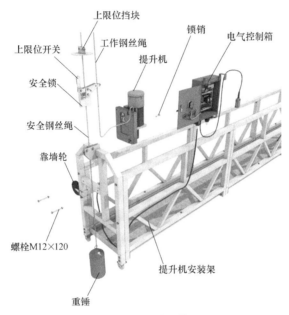

图 2-4　起升机构

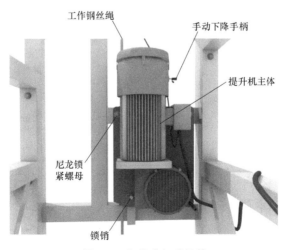

图 2-5　爬升式起升机构

# 2.4 安 全 锁

安全锁是直接作用在安全钢丝绳上，可自动停止和保持平台位置的装置。

安全锁按其工作原理，可分为离心触发式和摆臂防倾式两类。

安全锁内部构造

吊篮防坠试验

### 2.4.1 离心触发式安全锁

离心触发式安全锁：当吊篮的下降速度超过一定数值，飞块产生的离心力克服弹簧的约束力向外甩到一定程度时，触动等待中的执行元件，带动锁绳机构动作，将锁块锁紧在安全钢丝绳上（图2-6）。

### 2.4.2 摆臂防倾斜式安全锁

摆臂防倾斜式安全锁：具有锁绳角度探测机构，当吊篮发生倾斜或工作钢丝绳断裂、松弛时，其锁绳角度探测机构即发生角度位置变化，带动执行元件使锁绳机构动作，将吊篮锁住（图2-7～图2-9）。

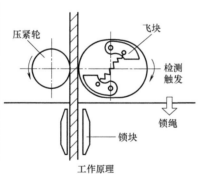

图2-6 离心触发式安全锁

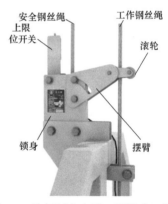

图2-7 防倾斜安全锁（摆臂式）简图

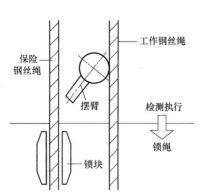

图2-8 摆臂防倾斜式安全锁工作原理

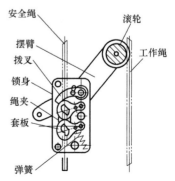

图2-9 锁块工作原理

## 2.5　工作钢丝绳

工作钢丝绳主要是承担悬挂载荷的钢丝绳（图 2-10）。

工作钢丝绳

图 2-10　工作钢丝绳

## 2.6　安全钢丝绳

安全钢丝绳通常不承担悬挂载荷，是装有防坠落装置的钢丝绳（图 2-11）。

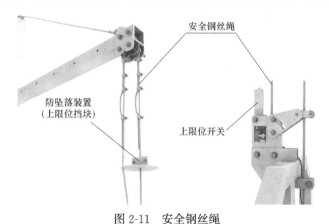

安全钢丝绳

防坠落装置
（上限位挡块）

上限位开关

图 2-11　安全钢丝绳

## 2.7　电气控制系统

电气控制系统实现吊篮上升、下降、制动等控制功能，电气控制系统的技术要求（图 2-12、图 2-13）：

1. 采取了电气箱集中控制方式。电气控制箱按钮应动作可靠，标识清晰、准确。

2. 电动吊篮电器控制系统，应采用 TN-S 系统，正常情况下不带电的金属部分，采取保护接零。接零保护线应采用黄、绿双色多股软铜线。

3. 电气系统的保护零线应作可靠的重复接地，接地电阻值不应大于 $10\Omega$。在接地装置处应有接地标志。电气控制部分应有防水、防震、防尘措施。其元件应排列整齐，连接牢固，绝缘可靠。电控柜门应装锁。

4. 主电源回路应有过电流保护装置和灵敏度不小于 30mA 的漏电保护装置。

5. 主电路相间绝缘电阻应不小于 $0.5M\Omega$，带电零件与机体间的绝缘电阻不应低于 $2M\Omega$。

6. 悬吊平台上必须设置紧急状态下切断主电源控制回路的急停按钮，该电路独立于各控制电路。急停按钮为红色，并有明显的"急停"标记，不能自动复位。

7. 悬吊平台升降采取电箱上操纵按钮和移动操纵开关双重控制，便于在各种位置进行操作控制，操作方便。

8. 应采取防止随行电缆碰撞建筑物的措施；电缆应设保险钩以防止电缆过度张力引起电缆、插头、插座的损坏。

9. 电气控制系统必须设置过热、短路、漏电保护、紧急制动、限位制动和鸣铃报警、限制载荷控制等多种自动保护装置，确保电气控制系统部分安全可靠。

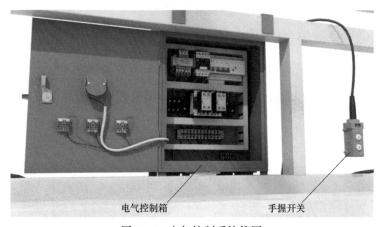

电气控制箱　　　　　手握开关

图 2-12　电气控制系统简图

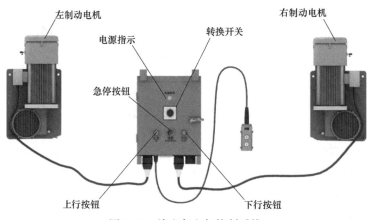

左制动电机　　　电源指示　　转换开关　　　　右制动电机

急停按钮

上行按钮　　　　　　　下行按钮

图 2-13　检查各电气控制系统

# 第3章 吊篮安装准备工作

## 3.1 明确安全生产责任

吊篮安装前（图 3-1），应根据工程结构、施工环境等特点，总承包单位必须将高处作业吊篮发包给专业安装队伍，并应签订专业承包合同，明确总包、分包或租赁等各方的安全生产责任。

图 3-1 吊篮安装准备

# 吊篮安装与拆卸合同

使用单位（甲方）：

安装单位（乙方）：

　　甲方根据《中华人民共和国民法典》及相关法律法规，经友好协商，就乙方为甲方安装、拆卸电动机吊篮设备达成共识，特签订本合同，双方共同遵守。

　　一、电动吊篮安装：

　　1. 安装时间：_____年_____月_____日

　　2. 安装费用：共计人民币_____元整，

　　3. 移位费用：共计人民币_____元整。

　　二、电动吊篮拆卸：

　　1. 拆除时间：_____年_____月_____日

　　2. 拆除费用：共计人民币_____元整。

　　三、双方的权利、义务与责任：

　　1. 甲方负有做好施工现场安装前准备工作的义务。

　　2. 在安装过程中甲方要做好各项配合工作。

　　3. 甲方有不定期对乙方作业人员的安装进行检查监督的权利。

　　4. 根据工程施工需要和电动吊篮的技术性能。

　　甲乙双方共同确定电动吊篮的安装设置符合电动吊篮的安全和运行条件。

　　5. 甲方委派为现场管理代表，全权负责施工期间的施工质量、安全、进度、施工文明生产管理工作，并按《建筑施工安装检查标准》JGJ 59—2011 要求做好对施工质量、施工安全、进度、文明生产的检查和监督管理。

　　6. 乙方全部负责电动吊篮的安装工作，在安装施工期间，若发生人身伤亡或设备损坏及其他责任事故，乙方承担全部责任，甲方负连带责任。

　　7. 乙方必须服从当地有关法律、法规及甲方的有关规定。

　　8. 乙方的施工人员必须持合格有效的特种操作证上岗。

　　9. 若因乙方安装质量问题，导致甲方电动吊篮不能正常使用或发生责任事故，乙方应承担全部责任。

　　四、本合同未尽事宜，双方协商解决，协商不成时，向有关行政机关申请仲裁或甲方施工所在地区人民法院提起诉讼。

　　五、本合同一式两份，甲乙双方各执一份，具有同等法律效力，双方签字盖章之日起生效。

　　甲方（盖章）：　　　　　　　乙方（盖章）：

　　签字：　　　　　　　　　　　签字：

　　年　月　日　　　　　　　　　年　月　日

_____专项施工方案审核表

| 工程名称 | | | | | |
|---|---|---|---|---|---|
| 工程地点 | | 开、竣工日期 | | | |
| 建筑面积 | m² | 工程造价 | | | |
| 结构类型 | | 层数高度/建筑物跨度 | | | m |
| 设计单位 | | 建设单位 | | | |
| 监理单位 | | 编制人 | | | |
| 项目负责人 | | 项目技术负责人 | | | |
| 参加会审人员签字 | | | | | |
| 单位 | 施工技术部门 | 安全部门 | 质量部门 | 设备部门 | 工会 |
| 签名 | | | | | |
| 专业承包单位审核结论 | 企业技术负责人（签字）：<br><br><br>（公章）<br>年 月 日 | | | | |
| 总承包单位意见 | 企业技术负责人（签字）：<br><br><br>（公章）<br>年 月 日 | | | | |
| 监理单位意见 | 总监理工程师（签字）：<br><br><br>（盖章）<br>年 月 日 | 建设单位意见 | 项目负责人（签字）：<br><br><br>（盖章）<br>年 月 日 | | |

注：此表用于专业承包单位专项施工方案审核。

专项施工方<br>案审核表

_____专项施工方案专家论证审查报告

| 工程名称 | | 工程地址 | |
|---|---|---|---|
| 结构类型/层数 | | 建筑面积 | m² |
| 建设单位 | | 设计单位 | |
| 施工单位 | | 监理单位 | |
| 专项施工方案名称 | | | |
| 论证会时间 | 年　月　日 | 论证会地点 | |
| 专家论证意见 | | | |
| 专家论证结论 | | | |
| 专家组成员签字 | | | 年　月　日 |

注：专家论证意见内容较多时，可增加附页。

专项方案应由安装单位编制，经安装单位完成审核手续后，报施工总承包单位、监理单位审核批准后方可实施。

专项施工方案
专家论证审查表

## 3.2　专项方案编制及审批

**3.2.1**　专项方案应由安装单位编制，经施工总承包单位、监理单位审核批准后方可实施（图 3-2、图 3-3）。

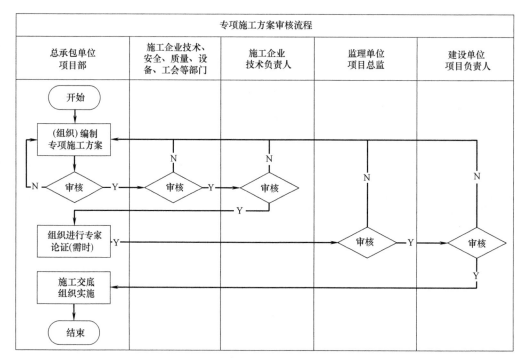

图 3-2　专项施工方案审核流程

图 3-3　专项施工方案现场勘察

**3.2.2**　专项方案应选择确定吊篮长度和平面布置，并符合《建筑施工工具式脚手架安全技术规范》JGJ 202—2010 的相关要求（图 3-4），当现场安装条件不能满足吊篮使用说明书要求时（图 3-5），应由吊篮制造单位进行相应的设计计算，并编入专项方案（图3-6）。

图 3-4　相关规范要求

图 3-5　未拉警戒线

图 3-6　专项方案论证

## 3.3  吊篮安装拆卸要求

高处作业吊篮必须由专业单位安装、拆卸（图 3-7）；安装人员必须是持证的特种作业人员（图 3-8）；安装前应对安装人员进行安全技术交底（图 3-9）。

图 3-7  吊篮必须由专业单位安装、拆卸

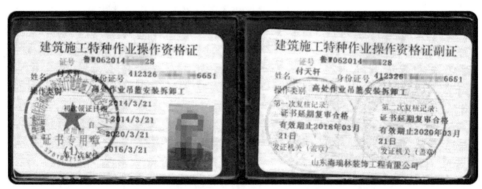

图 3-8  高处作业吊篮安装拆卸工操作资格证

安全技术交底应包括以下技术内容：

1. 吊篮的性能参数；

2. 安装、拆卸的程序和方法；

3. 各部件的连接形式及要求；

4. 悬挂机构及配重的安装要求；

5. 作业中的安全操作措施和应急预案。

图 3-9 安全技术交底

## 安全技术交底

| 单位工程名称 | | 施工单位 | | 日期 | |
|---|---|---|---|---|---|
| 施工部位 | | 施工内容 | | | |
| 安全技术交底内容 | | | | | |
| 总承包单位有关技术人员签名 | | 总承包单位专职安全生产管理人员签名 | | | |
| 分包单位工程项目相关技术人员签名 | | | | | |

注：本表一式两份。

_____安全技术交底

| 单位工程名称 | | 施工单位 | | 日期 | |
|---|---|---|---|---|---|
| 施工部位 | | 施工内容 | | | |
| 安全技术交底内容 | | | | | |
| 分包单位工程项目相关技术人员签名 | | 分包单位专职安全生产管理人员签名 | | | |
| 施工作业班组长签名 | | | | | |

注：本表一式两份。

_____安全技术交底

| 单位工程名称 | | 施工单位 | | 日期 | |
|---|---|---|---|---|---|
| 施工部位 | | 施工内容 | | | |
| 安全技术交底内容 | 1. 现场使用电动吊篮的型号、性能、特点、结构、构造。<br>2. 高处作业的安全知识，防护用品及使用方法。<br>3. 用电安全知识，消防知识及高处作业的防火及逃生。<br>4. 施工现场安全、环境及注意事项。<br>5. 遵章守纪的内容及突发情况的应对方法等。<br>6. 影像资料的留取、记录 | | | | |
| 施工作业班组长签名 | | 分包单位专职安全生产管理人员签名 | | | |
| 作业人员签名 | | | | | |

注：本表一式两份。

安全技术交底表

待装吊篮应具有产品型式检验报告（图 3-10）、使用说明书（图 3-11）、安全锁铭牌（图 3-12）和产品合格证（图 3-13）。吊篮所用的构配件包括特殊形式安装时所用的构配件应由吊篮生产厂家提供，安装及使用单位不得进行改装。

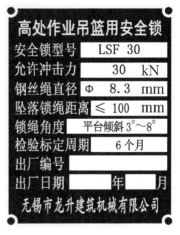

图 3-10　检验报告　　　　图 3-11　使用说明书　　　　图 3-12　安全锁铭牌

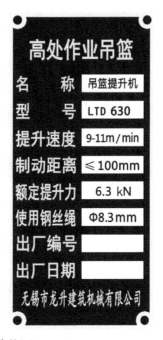

图 3-13　产品合格证

有下列情况之一的吊篮不得安装使用：

1. 属于国家明令淘汰或禁止使用的；

2. 超过国家相关法规和安全技术标准或制造厂家规定使用年限的；

3. 经检验达不到安全技术标准规定的；

4. 无完整安全技术档案的；

5. 无齐全有效的安全保护装置的。

# 第4章 吊篮安装要点

## 4.1 悬挂机构的安装

### 4.1.1 前支架安装

前支架安装：支架刚度应符合吊篮悬挂要求，将前插杆插入支架竖管内，根据女儿墙的高度调整插杆的高度，用螺栓固定（图4-1）。

图 4-1 前支架插杆安装

### 4.1.2 后支架安装

后支架安装：将后插杆插入支架竖管内，用螺栓固定，前后插杆高度应满足"前高后低"的要求，且高差不应大于横梁长度的 2%（图4-2）。

### 4.1.3 前梁及上支柱安装

前梁及上支柱安装：将前梁穿入前支架的套管内，按使用说明或施工方案要求确定前梁伸出长度，最大长度不得超过 1.7m（图4-3），将上支柱安放于前支架的插杆上，并用螺栓固定（图4-4）。

### 4.1.4 中梁及后梁安装

中梁及后梁安装：将中梁插入前梁尾端（图4-5），后梁插入中梁尾端，后梁尾端插入后支座的套管内，前后支架的距离应根据楼顶情况尽量放大，用螺栓固定（图4-6）。

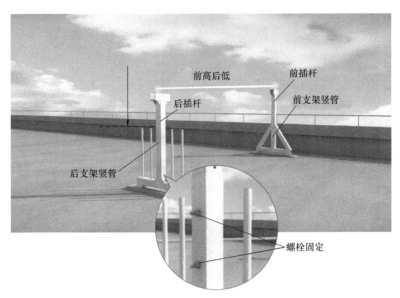

图 4-2 后支架插杆安装

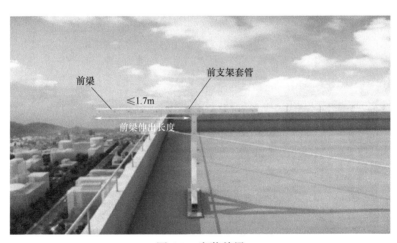

图 4-3 安装前梁

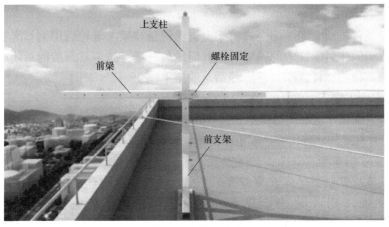

图 4-4 安装上支柱

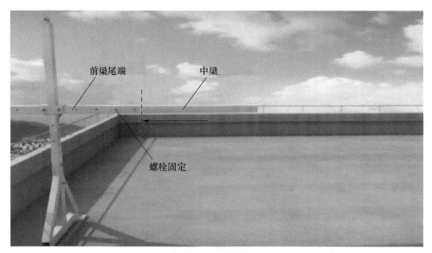

图 4-5　安装中梁

图 4-6　安装后梁

### 4.1.5　预紧绳安装

预紧绳安装：将预紧绳一端经过前梁上钢丝绳悬挂架的滚轮后用钢丝绳夹固定，索具螺旋扣的开口端钩住后插杆上的销轴，钢丝绳的另一端穿过索具螺旋的封闭端后用钢丝夹固定，调节螺旋扣的螺杆，使预紧绳绷紧，前梁上翘 $1°\sim2°$（图 4-7）。

### 4.1.6　配重固定

配重固定：配重件应稳定可靠地安放在配重架上，并应有防止随意移动的措施。严禁使用破损的配重件或其他替代物。配重件的重量应符合设计规定（图 4-8、图 4-9）。

### 4.1.7　工作钢丝绳、安全钢丝绳安装

工作钢丝绳、安全钢丝绳安装：将工作钢丝绳、安全钢丝绳分别固定在前梁的钢丝绳悬挂架上（图 4-12），在安全钢丝绳安装上限位挡块应符合吊篮说明书的规定（图 4-13）。

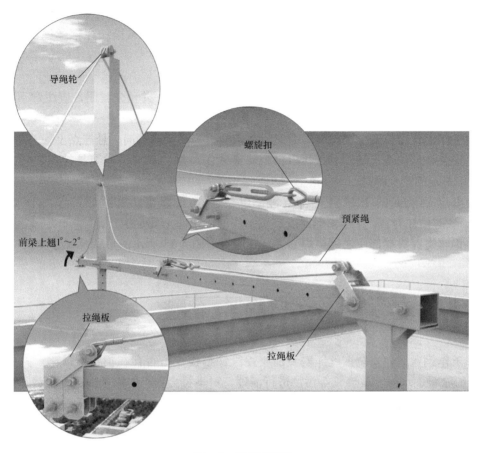

图 4-7 调节预紧绳

图 4-8 配重固定

图 4-9 严禁使用破损的配重块或其他替代物

1. 钢丝绳绳端固定应符合下列规定（图 4-10）：

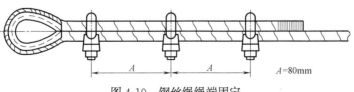

图 4-10 钢丝绳绳端固定

（1）绳夹数量：最少三只（当钢丝绳公称直径 $d_r \leqslant 18mm$ 时）；

（2）绳夹的布置：把夹座扣在钢丝绳的工作段上，U 形螺栓扣在钢丝绳的尾段上。绳夹不得在钢丝绳上交替布置；

（3）绳夹间距：$A=(6\sim7)d_r$；

（4）绳夹的紧固：第一个绳夹应尽量靠近绳轮或卡套，并预先紧固，应注意不要损坏钢丝绳的外层钢丝，然后依次紧固第二只、第三只绳夹。

2. 工作钢丝绳与安全钢丝绳不得安装在悬挂机构横梁前端同一悬挂点上。

3. 安装在钢丝绳上端的上行程限位挡块应紧固可靠，其与钢丝绳悬挂点之间应保持不小于 0.5m 的安全距离。

4. 安全钢丝绳的下端应安装重锤，以使钢丝绳绷直。重锤底部至地面高度以100mm～200mm 为宜。工作钢丝绳安装重锤按使用说明书规定执行。

5. 钢丝绳穿头端部应经过烧焊处理，并应符合图 4-11 所示的形状及尺寸。

图 4-11　钢丝绳穿头端部烧焊处理形状及尺寸

6. 工作钢丝绳和安全钢丝绳安装前应逐段仔细检查是否存在损伤或缺陷，并应对绳上附着的涂料、水泥、玻璃胶等污物进行清理，对不符合要求的钢丝绳进行更换。

图 4-12　工作钢丝绳、安全钢丝绳安装

图 4-13　上限位挡块安装应符合吊篮使用说明书的规定

### 4.1.8　安全绳安装

安全绳安装：安全绳应固定在建筑物可靠位置上；安全绳要有可靠的保护套管进行保护（图 4-14）；安全绳不得与吊篮上部任何部位连接（图 4-15）；安全绳中间不得出现

接头。

安全绳安装应符合下列规定：

1. 安全绳的性能指标应符合现行国家标准《安全带》GB 6095 的规定。

2. 安全绳安装前应逐段严格检查有无损伤。将确定合格的安全绳独立地固定在屋顶可靠的固定点上；不得固定在吊篮的悬挂机构上，绳头固定应牢靠。

3. 在安全绳与女儿墙或建筑结构的转角接触处应采取有效保护措施。

4. 将安全带扣到安全绳上时，应采用专用配套的自锁器或具有相同功能的单向自锁卡扣，自锁器不得反装。

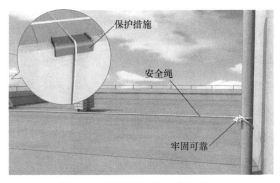

图 4-14 安全绳安装及保护措施

图 4-15 安全绳不得与吊篮上部任何部位连接

### 4.1.9 下放钢丝绳

下放钢丝绳：将工作钢丝绳、安全钢丝绳从端部开始缓慢下放（图 4-16）；在吊篮的第二根钢丝绳下放前，须由专人在地面将前面一根钢丝绳拉开，严禁两根钢丝绳在缠绕状态下进行穿绳工作（图 4-17）。

图 4-16 下放钢丝绳

安全钢丝绳

工作钢丝绳

图 4-17 专人地面接收钢丝绳，严禁缠绕

### 4.1.10 非标准安装

当在建工程顶层结构为花架梁等异型结构，吊篮悬挂机构的标准安装方式无法满足现场作业需求，则需要采用非标准安装方式并应另行设计计算，按照有关规定评审、审批后方可施工（图 4-18～图 4-20）。

悬挂机构采用非标准安装时，必须满足以下要求：

1. 应由吊篮生产厂家或设计单位对加装或改装部分进行设计、计算，并监督施工。并应由原生产厂审核确认。

2. 对改装完成的悬挂机构和悬吊平台，按说明书的要求进行压载试验，填写试验报告，由安装、使用、监理、产权四方单位共同参与、存档后，方可使用，技术负责人和总监理工程师签字。

图 4-18 加高悬挂机构的前后支架　　　　　图 4-19 高度跨过花架梁

图 4-20　悬挂机构前梁搁置在花架梁上

3. 按照《山东省房屋市政施工危险性较大分部分项工程安全管理实施细则》（鲁建质安字〔2018〕15 号文件）要求组织专家论证。

## 4.2　悬吊平台的安装

### 4.2.1　平台连接

平台连接：将底板垫高 200mm 以上平放，装上栏杆，低的栏杆放于工作面一侧，选用合适长度的螺栓联接（图 4-21）。

悬吊平台的安装要求如下：

1. 应按照使用说明书规定的程序和步骤依次安装。

2. 悬吊平台对接长度不得超过吊篮使用说明书的规定，零部件应齐全、完整，不得少装、漏装。

3. 螺栓应按要求加装垫圈，所有螺母均应紧固；提升机和安全锁与悬吊平台的连接应可靠，应采用专用高强度螺栓进行联接。

图 4-21　平台连接

4. 销轴端部应安装开口销或轴端挡板等止推装置，开口销开口角度均应大于 30°。

5. 检查各部件安装应正确，螺栓的规格应匹配；不得以小代大，确认无误后，紧固全部螺栓。

6. 安装完毕应由专人重新检查，所有紧固件应紧固到位。

### 4.2.2　安装架连接

安装架连接：将提升机安装架装于栏杆两侧，注意安全锁支板向外，用螺栓联接。脚轮安装在提升机安装架上（图4-22）。

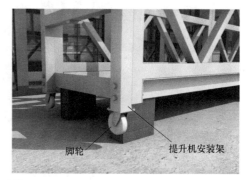

图4-22　安装架连接

### 4.2.3　螺栓紧固并专人复查

螺栓紧固：检查各部件是否安装正确，是否有错位，确认无误后紧固全部螺栓（图4-23）。

检查：安装完毕必须由专人重新检查所有螺栓是否已拧紧，根据需要平台前梁杆安装靠墙轮（图4-24）。

图4-23　螺栓紧固　　　　　　图4-24　检查吊篮各关键部位螺栓是否已拧紧

## 4.3　提升机、安全锁、电器控制箱等部件安装

### 4.3.1　安装提升机

安装提升机：提升机在安装前应确定是经过检修和保养合格的部件，安装时应采用专用螺栓将其可靠地固定在悬吊平台的吊架上；提升机安装完应检查外观，确保无裂纹、无漏油及明显渗油；工作正常，无异常现象（图4-25）。

### 4.3.2　安装安全锁

安装安全锁：将安全锁安装在固定支座上，安全锁摆臂向内（图4-26）。

安全锁与吊架安装时应采用专用高强度螺栓，连接应正确、可靠、螺栓紧固合格，无裂纹、变形和松动。安装后应检查外观，确保无缺陷、无损伤；按使用说明书要求进行试验，保证动作灵敏、可靠，锁绳角在规定范围内或快速抽绳应锁绳，试验合格符合标准后方可使用。

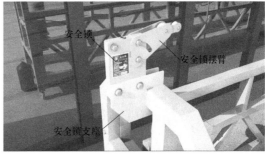

图 4-25　安装提升机　　　　　　　　　　图 4-26　安装安全锁

### 4.3.3　安装上限位开关

安装上限位开关：拧下安全锁上的两个六角螺母，将提升机的上限位行程安装在该处，并拧紧螺母（图 4-27）。

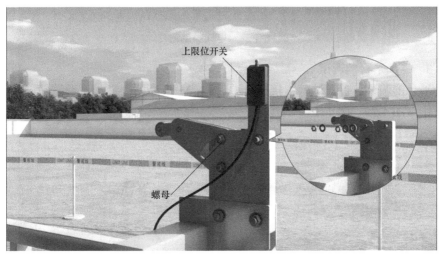

图 4-27　安装上限位开关

### 4.3.4　安装电气控制箱及各连接线

安装电气控制箱及各连接线：将电气箱安装在工作平台中间的栏杆空档处，带有按钮的一面朝内，将电动机插头、手握开关插头分别插入电器下部对应的插座内，在插接过程必须对准槽口，并保证接插到位（图 4-28）。

各部件之间的连接电缆线应排列规整并有效固定。对电源电缆线采取有效保护措施，使其端部固定或绑牢在悬吊平台护栏上，避免电源插头直接承受电缆悬垂重力。电源电缆线悬垂长度超过 100m 时，应采取有效的抗拉保护措施。

电气系统安装完应检查电缆线外观及固定情况，保证电缆线无破损、无明显变形；电气系统接地电阻不应大于 4Ω；带电零件与机体间的绝缘电阻不应低于 2MΩ；各元器件动作应灵敏可靠，各行程限位装置应灵敏、可靠。

电源插座

手握开关插座

电动机插头座

图 4-28  电气控制箱

### 4.3.5  悬吊平台的调试

悬吊平台的调试、检查试验：接通电源后，按漏电断路器上的试验按钮，漏电断路器应迅速动作（图 4-29、图 4-30）。

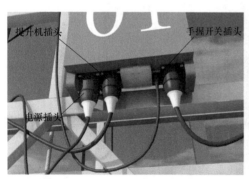

提升机插头

手握开关插头

电源插头

图 4-29  电气控制箱接通电源

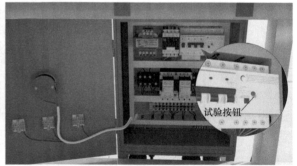

试验按钮

图 4-30  悬吊平台的检查试验

检查其他电气设备：关好电气箱门，检查电铃、限位开关、手握开关、转换开关、电动机等是否正常（图 4-31）。

### 4.3.6  穿绳操作

1. 将电气控制箱面板上的转换开关拨至待穿钢丝绳的提升机一侧（图 4-32），工作钢丝绳从安全锁的限位轮与挡环中穿过后，插入提升机上端孔内（图 4-33）。

2. 启动上行按钮，提升机即可自动卷绳完成工作钢丝绳穿绳进位（图 4-34），工作钢

电气箱门

转换开关

限位开关

手握开关

手动操作柄

电动机状态

图 4-31 检查其他电气设备

丝绳到位后，将自动打开安全锁，将安全钢丝绳从安全锁的上端孔插入（图 4-35），另一侧提升机操作过程相同。

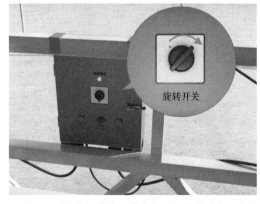

图 4-32 转换开关拨至待穿钢丝绳的提升机一侧

图 4-33 提升机上穿工作钢丝绳

图 4-34　工作钢丝绳穿绳进位

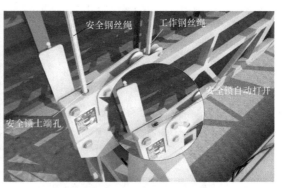

图 4-35　安全钢丝绳穿绳就位

### 4.3.7　装重锤

两侧钢丝绳都穿好后，将悬吊平台升高至离地面 1m 处调平（图 4-36），重锤底部距地面 150mm 处安装重锤（图 4-37）。

图 4-36　悬吊平台升高至离地面 1m 处调平

图 4-37　安装重锤

## 4.4　吊篮试运行

### 4.4.1　试运行前检查

1. 悬挂机构：检查各螺栓齐全紧固、配重质量正确固定可靠（图 4-38）。

2. 悬吊平台：检查篮体连接固定可靠（图 4-39）；提升机固定可靠，运行平稳

图 4-38　试运行前检查

图 4-39　悬吊平台篮体

（图 4-40）；安全锁固定可靠，工况正常（图 4-41）；钢丝绳长度和绳夹安装正确、牢固（图 4-42）。

3. 吊篮运行区域：检查确认无障碍物，确认无误后，方可正式通电试运行（图 4-43）。

图 4-40 提升机

图 4-41 安全锁

图 4-42 钢丝绳和绳夹

图 4-43 吊篮运行区域

### 4.4.2 系好安全带

吊篮安装、操作人员，应按规定戴好安全帽、系好安全带（图 4-44、图 4-45）。

图 4-44 正确佩戴安全帽、安全带

图 4-45 塔式起重机安装操作人员做好安全措施

### 4.4.3 锁绳检查

1. 在悬吊平台将电气控制箱面板上的转换开关拨至中间位置（图 4-46），悬吊平台上升 1m～2m 后停住再将转换开关拨至一侧使悬吊平台产生倾斜（图 4-47）。

图 4-46　电气箱面板上的转换开关拨至中间位置

图 4-47　悬吊平台上升 1m～2m

2. 当悬吊平台倾斜 3°～8°时（图 4-48），安全锁即可锁住安全钢丝绳（图 4-49）。

图 4-48　悬吊平台倾斜 3°～8°

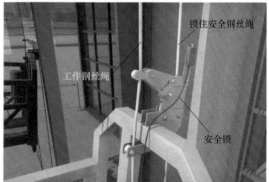

图 4-49　锁住安全钢丝绳

3. 悬吊平台低端升起至水平状态时，安全锁自动复位，安全钢丝绳在安全锁内恢复自由状态，左右侧安全锁都必须如此检查（图 4-50、图 4-51）。

图 4-50　安全锁自动复位

图 4-51　左侧安全锁检查

### 4.4.4　空载试验

空载试验：将悬吊平台上下运行 3～5 次，每次 3m～5m 按制动开关按钮，按下限位开关，电铃响起（图 4-52），悬吊平台应能停止上升（图 4-53）。

图 4-52　按下制动开关联动响铃

图 4-53　按下制动开关悬吊平台应能停止上升

## 4.5　安　装　验　收

1. 高处作业吊篮在使用前必须经过施工、安装、监理等单位的验收，未经验收或验收不合格的吊篮不得使用（图 4-54）。

2. 逐台逐项验收应符合《高处作业吊篮使用验收表》（附表 4.5）的规定，并应经空载运行试验合格后，方可使用（图 4-55～图 4-57）。

图 4-54　吊篮验收

图 4-55　逐台逐项验收

3. 验收合格的吊篮应悬挂验收合格牌和核定荷载牌，并进行编号才能使用（图 4-56、图 4-57）。

图 4-56　合格证

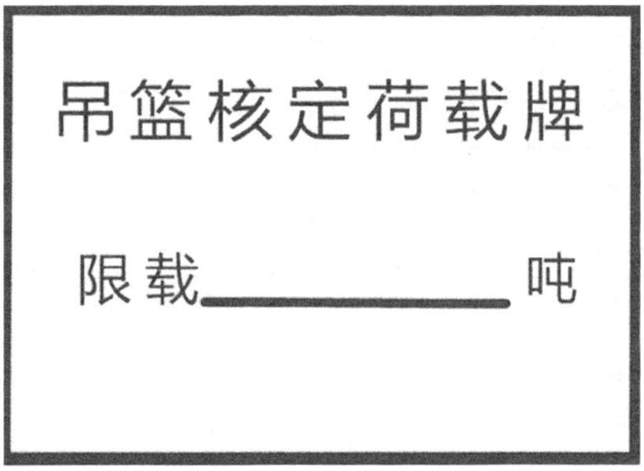

图 4-57　吊篮核定荷载牌

**高处作业吊篮使用验收表**　　　　附表 4.5

| 工程名称 | | | 结构形式 | |
|---|---|---|---|---|
| 建筑面积 | | | 机位布置情况 | |
| 总包单位 | | | 项目负责人 | |
| 租赁单位 | | | 项目负责人 | |
| 安拆单位 | | | 项目负责人 | |

| 序号 | 检查项目 | | 标准 | 检查结果 |
|---|---|---|---|---|
| 1 | 保证项目 | 悬挑机构 | 悬挑机构的连接销轴规格与安装孔相符并应用锁定销可靠锁定 | |
| | | | 悬挑机构稳定,前支架受力点平整,结构强度满足要求 | |
| | | | 悬挑机构抗倾覆系数大于等于3,配重件足量稳妥安放,锚固点结构强度满足要求 | |
| 2 | | 吊篮平台 | 吊篮平台组装符合产品说明书要求 | |
| | | | 吊篮平台无明显变形和严重锈蚀及大量附着物 | |
| | | | 连接螺栓无遗漏并拧紧 | |
| 3 | | 操控系统 | 供电系统符合《施工现场临时用电安全技术规范》要求 | |
| | | | 电气控制柜各种安全保护装置齐全、可靠,控制器件灵敏可靠 | |
| | | | 电缆无破损裸露,收放自如 | |
| 4 | | 安全装置 | 安全锁灵敏可靠,在标定有效期一年内,离心触发式制动距离小于等于200mm,摆臂防倾3°～8°锁绳 | |
| | | | 独立设置锦纶安全绳,锦纶绳直径不小于16mm,锁绳器符合要求,安全绳与结构固定点连接可靠 | |
| | | | 行程限位装置是否正确稳固,灵敏可靠 | |
| | | | 超高限位器止挡安装在距顶端80cm处固定 | |
| 5 | | 钢丝绳 | 动力钢丝绳、安全钢丝绳及索具的规格型号符合产品说明书要求 | |
| | | | 钢丝绳无断丝、断股、松散、硬弯、锈蚀,无油污和附着物 | |
| | | | 钢丝绳的安装稳妥可靠 | |
| | | 人员 | 安装、操作人员应持证上岗,吊篮内不得超过两人施工作业 | |
| 6 | 一般项目 | 技术资料 | 吊篮安装和施工组织方案 | |
| | | | 防护架钢结构构件产品合格书 | |
| | | | 产品标牌内容完整(产品名称、主要技术性能、制造日期、出厂编号、制造厂名称) | |
| 7 | | 防护 | 施工现场安全防护措施落实,划定安全区,设置安全警示标识 | |

| 检查结论 | |
|---|---|
| | |

| 检查人签字 | 总包单位 | 分包单位 | 租赁单位 | 安拆单位 |
|---|---|---|---|---|
| | | | | |

符合要求,同意使用(　　)
不符合要求,不同意使用(　　)
总监理工程师(签字):

　　　　　　　　　　　　　　　　　　　　　　　　　　年　月　日

注:高处作业吊篮在施工现场初次安装或安装位置变动时使用前应进行验收。

高处作业吊篮使用验收表

# 第5章 吊篮的使用安全要点

吊篮使用时应符合下列规定：

1. 操作人员应经培训合格后持证上岗，并在作业前接受安全技术交底（图5-1）。

2. 在吊篮内的作业人员应佩戴安全帽，系安全带，并应将安全锁扣正确挂置在独立设置的安全绳上。

3. 每班作业前，应对吊篮进行检查、试车，检查合格后方可进行作业。

4. 不得将吊篮作为垂直运输设备，不得采用吊篮运输物料。

5. 吊篮平台内应保持荷载均衡。

吊篮操作时的严禁行为：

1. 吊篮严禁超载运行（图5-2）；

图5-1 安全技术交底及交接班检查

图5-2 严禁超载运行

2. 吊篮内的操作人员禁止超过2人，至少1人持有有效的《建筑施工特种作业操作资格证书》（图5-3）；

3. 吊篮平台内应保持荷载均匀，严禁超载作业（图5-4）；

4. 严禁在无任何保护的情况下从窗口、楼顶等其他位置进入吊篮。操作人员必须由地面进出吊篮（图5-5）；

图5-3 吊篮内禁止超过2人

图 5-4　吊篮平台内应保持荷载均匀

图 5-5　严禁在无任何保护情况下进入吊篮

5. 严禁在吊篮内用梯子或其他装置取得较高的工作高度（图 5-6）；

图 5-6　严禁在吊篮内用梯子或者其他装置取得较高的工作高度

6. 严禁在吊篮上外挂自制平台（图 5-7）；

7. 在吊篮内进行电焊作业时，不得将电焊机放置在吊篮内（图 5-8）；

图 5-7　严禁在吊篮上外挂自制平台

图 5-8　严禁将电焊机放置在吊篮内

8. 电焊缆线不得与吊篮任何部位接触（图 5-9）；

图 5-9　严禁电焊缆线与吊篮接触

9. 电焊钳不得搭挂在吊篮上（图 5-10）；

图 5-10 严禁将电焊钳搭挂在吊篮上

10. 严禁将悬吊平台或钢丝绳当作接地线使用，并应对吊篮设备、钢丝绳、电缆线采取保护措施（图 5-11）；

11. 严禁在吊篮内猛烈晃动和做荡秋千等危险动作（图 5-12）；

12. 在吊篮无可靠的固定措施时，严禁任何方式人为使安全锁失效（图 5-13）；

13. 安全带应系挂在安全绳上，不得系挂在吊篮架体结构上（图 5-14）；

14. 严禁在安全锁锁臂时，强制启动提升机下降（图 5-15）；

15. 严禁在安全钢丝绳绷紧的情况下，强行搬动安全锁的锁臂（图 5-16）；

16. 吊篮在向上运行时，严禁使用急停开关停机（图 5-17）；

17. 严禁在雷雨、大雾、风沙及五级以上大风等恶劣气候条件下进行作业（图 5-18）。

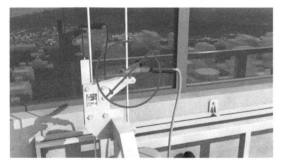

图 5-11 严禁将悬吊平台或钢丝绳当作接地线使用

图 5-12 严禁在吊篮内猛烈晃动和做荡秋千等危险动作

图 5-13 严禁人为使安全锁失效

图 5-14 安全带应系挂在安全绳上

图 5-15　严禁强制启动提升机下降

图 5-16　严禁强行搬动安全锁的锁臂

图 5-17　严禁使用急停开关停机

图 5-18　严禁在恶劣气候条件下进行作业

# 第6章 吊篮的检查、维修和保养

## 6.1 日 常 检 查

1. 日常检查每日一次，应由吊篮安装单位负责，操作人员配合，配合要求应在操作技术交底中明确说明（图6-1）。

2. 检查内容：悬挂机构的连接和支承点、钢丝绳固定、各螺栓紧固、配重质量固定并上锁无异常（图6-2）。

图6-1 日常检查每日一次　　　　　图6-2 检查悬挂机构各部件

3. 检查悬吊平台提升机、安全锁连接固定、篮体间的连接、安全绳、重锤安装无异常（图6-3）。

(a) 提升机　　　　　　(b) 安全锁　　　　　　(c) 悬吊平台

(d) 重锤　　　　　　　(e) 安全绳

图6-3 检查悬吊平台各机构

图 6-4　悬吊平台结构锈蚀

4. 检查悬吊平台结构锈蚀情况（图 6-4）。

5. 检查结构联接螺栓紧固情况（图 6-5）。

6. 钢丝绳变形的各种状态，不得使用不标准的钢丝绳（图 6-6）。

7. 安全绳、升降锁、限位开关等安全防护装置齐全有效；运行通道无障碍；电控操作无异常；吊篮非工作状态时的停靠位置情况；吊篮无作业时停靠在半空；作业环境是否符合要求等（图 6-7）。

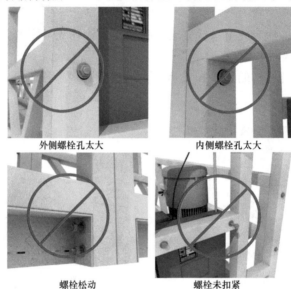

外侧螺栓孔太大　　　　内侧螺栓孔太大

螺栓松动　　　　螺栓未扣紧

图 6-5　检查结构联接螺栓紧固情况

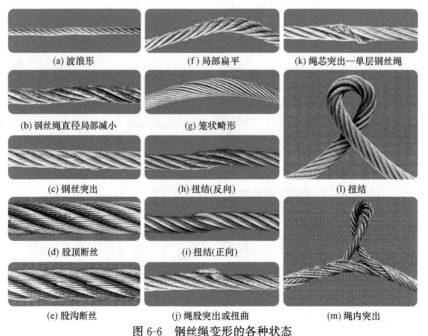

(a) 波浪形　(f) 局部扁平　(k) 绳芯突出—单层钢丝绳

(b) 钢丝绳直径局部减小　(g) 笼状畸形

(c) 钢丝突出　(h) 扭结(反向)　(l) 扭结

(d) 股顶断丝　(i) 扭结(正向)

(e) 股沟断丝　(j) 绳股突出或扭曲　(m) 绳内突出

图 6-6　钢丝绳变形的各种状态

(a) 安全绳磨损炸开、失效、绑扎不牢

(b) 用钢丝绳代替安全绳　　　　　　　　(c) 限位开关失效

图 6-7　各种不符合规范案例

## 6.2　特 殊 检 查

吊篮中应配置 1 组灭火器（图 6-8）。当操作人员在吊篮中进行电焊作业前应经过动火作业审批（表 6-1），应重点检查钢丝绳与结构龙骨是否有可能发生相碰，以防止钢丝绳烧熔情况的发生（图 6-9）。

图 6-8　吊篮中应配备 1 组灭火器　　　　　　图 6-9　焊接隔离防护措施

**施工现场动火作业审批表** 表 6-1

工程名称：　　　　　　　施工单位：　　　　　　　编号：

| 申请动火单位 | | 动火班组 | |
| --- | --- | --- | --- |
| 动火部位 | | 动火作业种类<br>（用火、气焊、电焊） | |
| 动火作业<br>起止时间 | | | 由　年 月 日 时起<br>至　年 月 日 时止 |
| 动火原因、防火的主要安全措施和配备的消防器材： | | | |
| 申请人（签字）：　　　　监护人员（签字）： | | | 年 月 日 |
| 审批意见： | | | |
| 专（兼）职安全生产管理人员（签字）：　　　项目安全负责人（签字）： | | | 年 月 日 |

施工现场动火作业审批表

## 6.3　定　期　维　保

高处作业吊篮定期维保：对于工程完工退回或在工程中已经连续使用六个月的吊篮，应安排定期维保（图 6-10），除了日常检查项目外，应检查或更换提升机润滑油（图 6-11），更换标定过期安全锁、更换超标钢丝绳进行运行试验，调整制动器（图 6-12、图 6-13）；检查紧固电气控制系统及元器件等（图 6-14）。

图 6-10　未安排定期维保

图 6-11　检查或更换提升机润滑油

图 6-12　更换标定过期安全锁、更换超标钢丝绳　　　图 6-13　运行试验，调整制动器

(a) 电气控制系统

(b) 提升机

(c) 限位开关

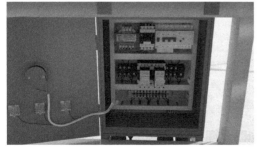

(d) 电气控制箱元器件

(e) 手握开关

图 6-14　检查紧固电气控制系统及元器件

# 第7章 吊篮的拆卸

## 7.1 悬吊平台落地

拆卸吊篮时，悬吊平台应先落地（图7-1）。

图7-1 悬吊平台先落地

## 7.2 卸 下 重 锤

落地后，卸下重锤（图7-2）。

图7-2 落地后卸下重锤

## 7.3 退出钢丝绳

退出钢丝绳时，分别从安全锁和提升机中退出钢丝绳，切断总电源（图7-3）。

图 7-3　退出钢丝绳、切断总电源

## 7.4　拆下电缆线

电缆线从总电源处拆下，在电气箱拔下电缆插头（图 7-4），电缆线盘好后用绳捆扎（图 7-5）。

图 7-4　拆下电缆线

图 7-5　电缆线盘好后用绳捆扎

## 7.5　悬吊平台拆卸

悬吊平台拆卸步骤：从安全锁上拆下上限位开关（图 7-6）；从安全锁支板上卸下安全锁（图 7-7）；从提升机安装架上卸下提升机（图 7-8）；从平台上卸下电气控制箱（图 7-9）；拆卸时注意电缆线的保护及各部件堆放（图 7-10）。

图 7-6　从安全锁上拆下上限位开关

图 7-7　从平台上拆下安全锁

图 7-8　卸下提升机

图 7-9　卸下电气控制箱

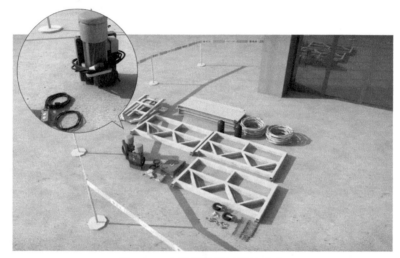

图 7-10　电缆线保护及堆放整齐

## 7.6　悬挂装置拆卸

1. 将钢丝绳收起，卸下配重，悬挂机构移至楼顶中间（图 7-11、图 7-12），卸下钢丝绳（图 7-13）、卸下上限位挡块（图 7-14），将钢丝绳盘好后用绳捆扎（图 7-15），由于钢丝绳安装后在全长范围内不易检查，所以，在盘理钢丝绳时，应同时对钢丝绳外表进行检查（图 7-16）。

图 7-11　钢丝绳整理

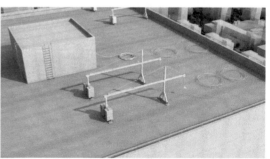

图 7-12　悬挂机构移至楼顶中间

图 7-13　卸下钢丝绳

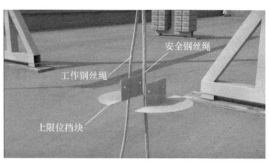

图 7-14　卸下上限位挡块

图 7-15　钢丝绳盘好后用绳捆扎

图 7-16　对钢丝绳外表进行检查

2. 拆下螺栓（图 7-17），卸下配重块（图 7-18），将卸下的各部件分类堆放整齐（图 7-19），将配重、钢丝绳和各部件从楼顶运至地面（图 7-20）。

图 7-17　卸下螺栓

图 7-18　卸下配重块

图 7-19　楼顶各部件整理

图 7-20　运至地面的吊篮各部件

# 第8章  吊篮的管理要点

1. 吊篮应按照规定程序批准的图样及技术文件制造。

2. 施工现场应具有符合吊篮作业要求的人员进出通道、安装位置、楼层电源和安全绳固定位置等条件。安装处的结构承载能力应满足吊篮的使用要求。

3. 吊篮制动器应使带有动力试验荷载的悬吊平台，在不大于100mm制动距离内停止运行。

4. 吊篮应设置上行程限位装置。

5. 吊篮的每个吊点应设置2根钢丝绳，安全钢丝绳应装有安全锁或相同功能的独立安全装置。在正常运行时，安全钢丝绳应顺利通过安全锁或相同功能的独立安全装置，安全锁应在有效标定期内使用，标定期不得大于一年。

6. 吊篮宜设超载保护装置。

7. 吊篮应设有在断电时使悬吊平台平稳下降的手动滑降装置。

8. 在正常工作状态下，吊篮悬挂机构的抗倾覆力矩与倾覆力矩的比值不得小于3。

9. 吊篮所有外露传动部分，应装有防护装置。

10. 吊篮安装完毕后，使用单位应当组织产权、安装、监理等有关单位进行验收，并经有资质的检测机构检测合格后方可投入使用，并在明显部位悬挂安全操作规程牌及设备验收标牌。

11. 吊篮升降时应使用独立于悬吊平台的安全钢丝绳，绳径、型号应符合产品使用说明书要求。

12. 当设备已闲置或停用一个月以上时，其钢丝绳在设备使用以前要做全面的检查。

13. 应认真对安全绳、安全带等安保用品进行质量检查，确保有足够的强度，出厂三年以上的不得使用。

安全绳、安全带、自锁器应符合下列规定：

（1）安全绳规定：

安全绳是一种独立悬挂在建筑物顶部，通过自锁器使安全带与作业人员连在一起，防止作业人员坠落时的绳索。每名作业人员单独使用一根安全绳，材料规定为锦纶绳，不得使用丙纶、乙烯和麻绳。绳径应与安全带自锁器的规格相一致且不少于16mm。

（2）安全带规定：

安全带按照《安全带》GB 6095—2009规定应选用"坠落悬挂安全带"。

坠落悬挂安全带：高处作业或登高人员发生坠落时，将作业人员安全悬挂的安全带。

（3）自锁器规定：

自锁器由不锈钢板制成，安全带连接在自锁器上，安全绳从自锁器的沟槽里穿过。当在高处作业吊篮内作业的人员因工作钢丝绳断裂而下坠时，安全带的自锁器自锁装置会因人体的重量拉动而自锁，使下坠的人被安全绳拉住。自锁器自身有三套保险装置，分别保证安全绳不会从自锁器槽中滑出、自锁装置不脱开及自锁器与安全带的连接。

14. 对于吊篮的钢丝绳，在使用以后每月至少检查 2 次。

钢丝绳并应符合以下规定：

（1）吊篮宜选用高强度、镀锌、柔度好的钢丝绳，其性能应符合《重要用途钢丝绳》GB/T 8918—2006 的规定。

（2）钢丝绳安全系数：单作用钢丝绳悬挂系统大于或等于 8，双作用钢丝绳悬挂系统大于或等于 12。

（3）钢丝绳绳端的固定应符合《塔式起重机安全规程》GB 5144—2006 的规定。

（4）钢丝绳的检查和报废应符合《起重机钢丝绳保养、维护、检验和报废》GB/T 5972—2016 的规定。

（5）工作钢丝绳最小直径不应小于 8mm。

（6）安全钢丝绳宜选用与工作钢丝绳相同的型号、规格，在正常运行时，安全钢丝绳应处于悬垂状态。

（7）安全钢丝绳必须独立于工作钢丝绳另行悬挂。

15. 钢丝绳的报废应符合《起重机钢丝绳保养、维护、检验和报废》GB 5972 中的 2.5 的规定。

16. 悬挂机受力构件应进行质量检验，保证达到设计要求。

17. 从工程中拆卸的吊篮应按使用说明书定期检查要求进行维护保养后方可进入下一工程安装使用。使用单位专职安全员、吊篮租赁、安装单位相关人员应共同对进场的吊篮各部件进行检查，检查无异常的方可安装。由于钢丝绳一旦安装后不易检查，因此必须对捆状钢丝绳进行外观和外径检查，杜绝表面超标磨损断丝、绳股熔断、压扁变形等缺陷的钢丝绳投入使用。

18. 吊篮出厂时应附有下列技术文件：

（1）产品合格证。

（2）安装、使用和维修保养说明书。

（3）安装图、易损件图、电气原理图及接线图、液压系统图等。

（4）产品应有清晰、醒目、耐久的标牌。标牌上应写明产品名称、主要技术性能、制造日期、出厂编号、制造厂等。

19. 吊篮安装人员、操作人员均应经培训考核合格后持证上岗。

20. 吊篮的任何部位与高压输电线的安全距离不应小于 10m。吊篮作业区域内，应设置警戒线，挂牌并专人监护，禁止无关人员进入。

21. 吊篮所使用的电气设施、线路等应符合现行行业标准《施工现场临时用电安全技术规范》JGJ 46—2005 的规定。

第四篇

# QTZ80平头塔式起重机

# 第1章 QTZ80平头塔式起重机结构简图

## 1.1 结 构 简 图

说明:

平头塔式起重机结构简图(图1-1)。

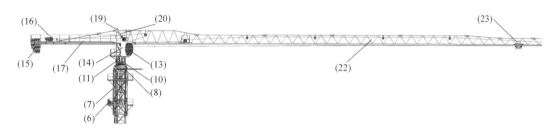

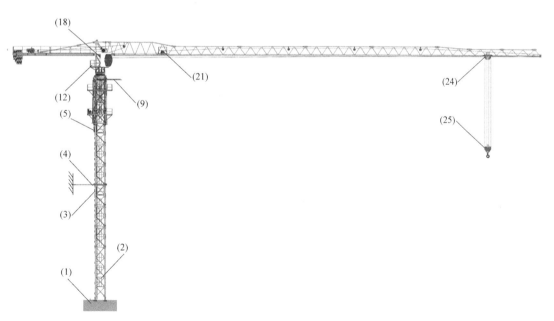

图1-1 平头塔式起重机结构简图

(1)基础;(2)基础节;(3)塔身;(4)附着装置;(5)顶升梁;(6)顶升系统;(7)顶升套架;
(8)下回转支座;(9)引进小车及引进梁;(10)上回转支座;(11)回转机构;(12)驾驶室平台;
(13)司机室;(14)电气系统;(15)平衡重;(16)起升机构;(17)平衡臂;(18)重量限制器;
(19)塔头;(20)力矩限制器;(21)变幅机构;(22)起重臂;
(23)维修挂篮;(24)变幅小车;(25)吊钩

# 第2章 QTZ80 平头塔式起重机的主要结构

## 2.1 固定式基础

说明：

固定式基础是最常用的形式（图 2-1）。

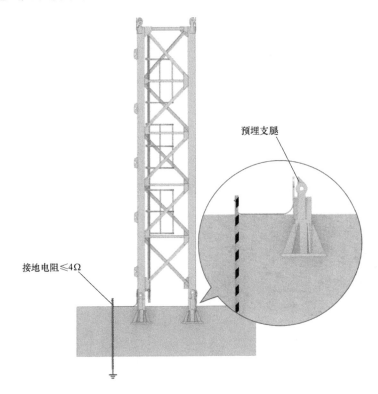

图 2-1 固定式基础

## 2.2 基 础 节

说明：

基础节为整体焊接桁架结构，其下部与预埋支腿用销轴连接，上部与塔身标准节通过销轴连接。基础节内部设有爬梯（图 2-2）。

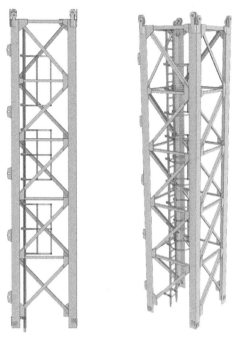

图 2-2　基础节

## 2.3　塔身标准节

说明：

标准节（图 2-3）下部与基础节之间、标准节与标准节之间、标准节与回转下支座之间都用销轴连接。标准节为空间桁架结构，标准节主弦杆一侧焊有踏步，顶升时顶升梁两端挂靴钩挂在踏步上，油缸顶升带动塔式起重机整个上部上升，完成标准节的安装，同理采用相似的程序可使塔式起重机高度下降。各标准节均具有互换性，改变安装节数，可使塔式起重机达到不同的起升高度。标准节高度 3.0m。每个标准节内部都设有爬梯和护圈，以便操作与维修人员上下塔式起重机使用（图 2-4），梯子的第一个休息小平台应设

图 2-3　标准节

图 2-4　不带休息平台的标准节

置在不超过 12.5m 的高度处，以后每隔 10m 内设置一个（图 2-5）。

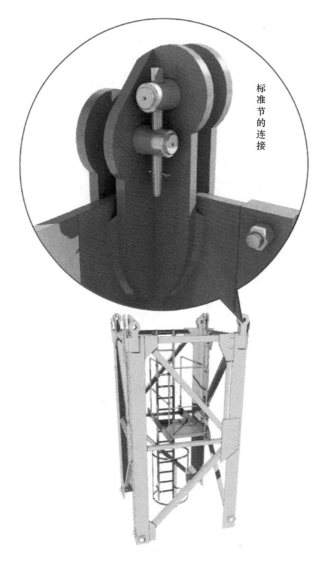

图 2-5　带休息平台的标准节

## 2.4　顶升套架

说明：

顶升套架由套架、工作平台、液压顶升系统等组成。套架是由角钢焊接而成的矩形截面空间桁架。

套架设有两层可拆卸的工作平台，周围有护栏，保证操作人员的安全。在顶升油缸的作用下，套架依靠 16 只套架导轮上下运动，套架中部横梁上的连接板与油缸上端铰接，承受油缸的顶升载荷（图 2-6）。

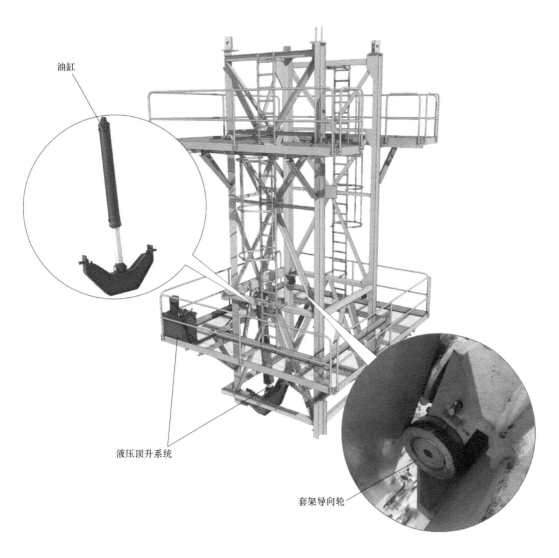

油缸

液压顶升系统

套架导向轮

图 2-6　顶升套架

## 2.5　引　进　梁

说明：

引进梁用销轴或螺栓固定在下支座上，引进梁上有引进小车。在塔式起重机顶升加节或降节时，标准节在引进小车的引导下，沿着引进梁引入或引出套架（图 2-7）。

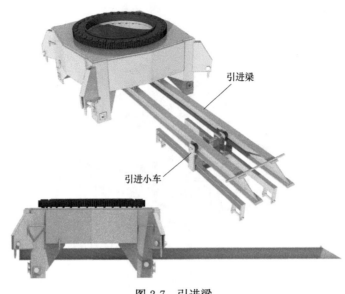

图 2-7　引进梁

# 2.6　回 转 总 成

说明：

回转总成由回转机构、回转支承，上、下支座组成。上、下支座均为焊接结构，上、下支座之间通过回转支承连接，上部与塔头相连接，回转支座内部设有爬梯，下支座下部与标准节、顶升套架相连接，上、下支座与回转支承用高强度螺栓联接，高强度螺栓预紧扭矩应符合说明书要求（图 2-8）。

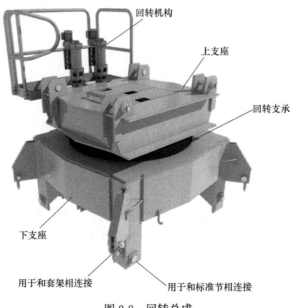

图 2-8　回转总成

# 2.7　司　机　室

说明：

司机室安装在塔头平台上。司机室特点：安装了空调，具有很好的冷暖和通风作用；具有良好的视野，方便观察周围情况；具有足够的照明；设有折叠座椅和左、右联动控制台，操作起来舒适方便（图 2-9）。

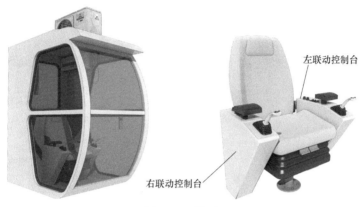

图 2-9　司机室

# 2.8　塔　　头

说明：

塔头前端连接起重臂，后端连接平衡臂，下部和上回转支座连接。装有预防塔式起重机过载使用的重量限制器、力矩限制器（图 2-10）。

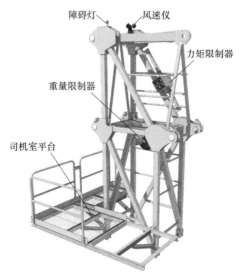

图 2-10　塔头

## 2.9　平　衡　臂

说明：

平衡臂为平面桁架结构。在平衡臂上安装有起升机构、护栏等。在平衡臂两侧还有平台，用于检修和维护工作。平衡臂通过连接耳板、拉杆和塔头相连（图2-11）。

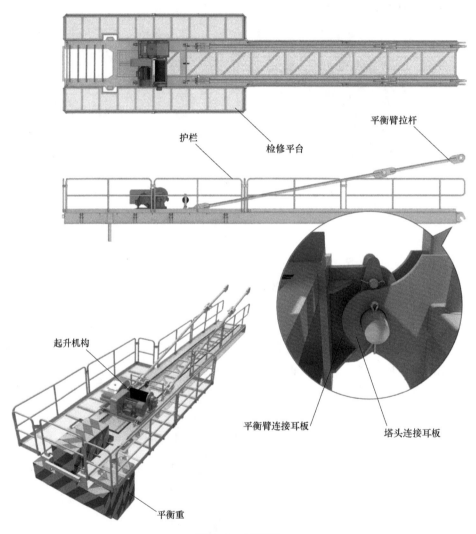

平衡臂拉杆

护栏

检修平台

起升机构

平衡臂连接耳板

塔头连接耳板

平衡重

图 2-11　平衡臂

## 2.10　起　重　臂

说明：

起重臂由多节臂节组成，可组合多种长度。起重臂上装置有多个滑轮，用于穿绕或固定变幅钢丝绳和起升钢丝绳（图2-12）。

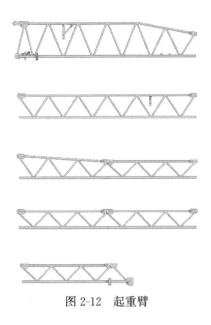

图 2-12　起重臂

## 2.11　变幅小车

说明：

变幅小车是带动吊钩与重物沿起重臂往复运动的组件。在小车的一侧，安装检修挂篮，挂篮随小车一起运动，可将检修人员安全地运送到起重臂任意处。小车的下部安装有滑轮组，供穿绕起升钢丝绳，滑轮上装有防脱装置，防止钢丝绳脱槽。小车两端穿绕变幅机构的变幅钢丝绳，在变幅机构牵引下小车带动吊钩及重物可以在整个吊臂上运动。另外，在小车上设有紧绳、断绳保护装置及断轴保护装置，以防止发生因变幅钢丝绳挠度过大、断绳和小车滚轮轴折断而造成意外事故（图 2-13）。

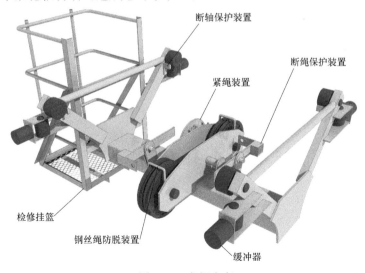

图 2-13　变幅小车

# 2.12 吊　　钩

说明：

吊钩是直接吊重物进行升降工作的组件，其中，上滑轮为倍率转换滑轮，主要作用是将起升钢丝绳进行二四倍率相互转换（图2-14）。

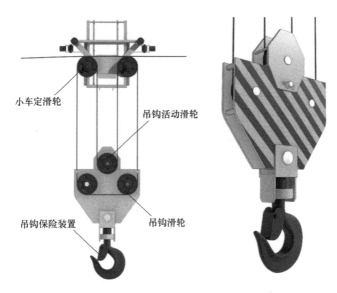

图 2-14　吊钩

# 2.13　变幅机构

说明：

小车变幅机构由电动机、制动器、卷筒（内置减速器）和幅度限位器组成（图2-15）。

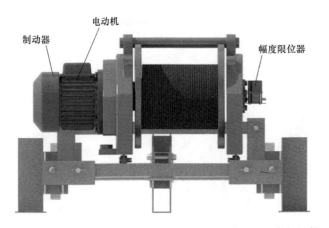

图 2-15　变幅机构

## 2.14　起 升 机 构

说明：

起升机构由电动机、联轴器、制动器、减速器、卷筒等组成。工作时可产生多种速度，适应施工需要的相应速度，可实现轻载高速、重载低速的功能（图 2-16）。

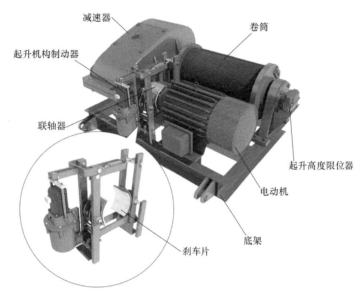

图 2-16　起升机构

## 2.15　回 转 机 构

说明：

回转机构由电动机、减速机、回转限位器和制动器组成，减速机小齿轮与回转支承齿圈啮合，实现塔式起重机上部回转（图 2-17）。

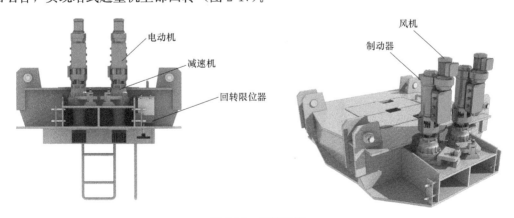

图 2-17　回转机构

## 2.16　附　着　装　置

说明:

附着装置(图2-18)是塔式起重机超过独立高度时,用来增强塔身整体稳定性和刚性的附设装置(图2-19)。该装置主要由附着框(图2-20)和可调附着杆(图2-21)组成。固定框架由焊接框架结构组成,紧固在标准节周围。可调撑杆由杆件和调节丝杆组成。调节丝杆可以在一定范围内改变撑杆长度(图2-22)。

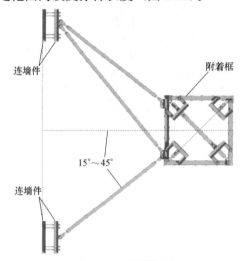

图 2-18　附着装置

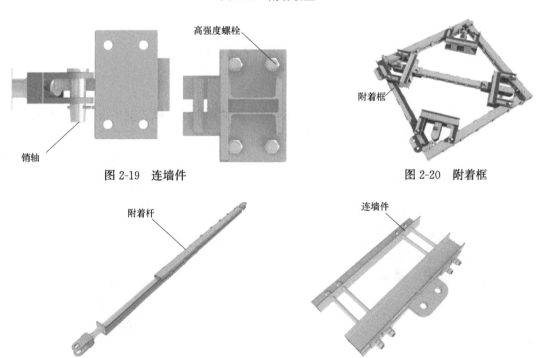

图 2-19　连墙件　　　　　　　　　　　　　图 2-20　附着框

图 2-21　附着杆　　　　　　　　　　　　　图 2-22　连墙件

# 第 3 章 塔式起重机安全防护装置

## 3.1 起升高度限位器

说明：

吊钩装置（图 3-1）顶部升至变幅小车最下端的最小距离为 800mm 处时（图 3-2），应能立即停止起升运动，但应有下降运动。钢丝绳在放出最大工作长度后，卷筒上的钢丝绳至少应保留 3 圈（图 3-3）。

图 3-1 起升高度限位器

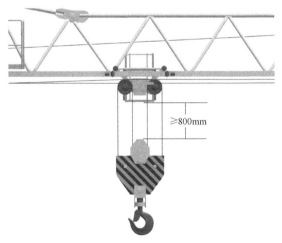

≥800mm

图 3-2 吊钩最高位置状态

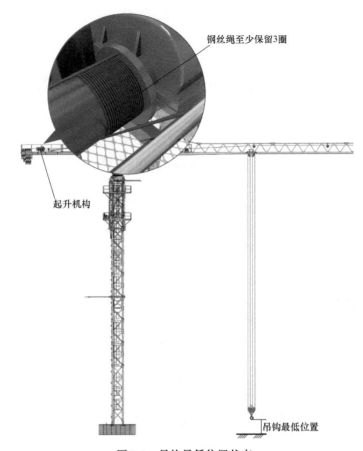

钢丝绳至少保留3圈

起升机构

吊钩最低位置

图 3-3　吊钩最低位置状态

## 3.2　变幅限位器

说明：

对小车变幅的塔式起重机（图 3-4），应设置小车行程限位开关和终端缓冲装置。限位开关动作后应保证小车停车时其端部距缓冲装置最小距离为 200mm（图 3-5）。

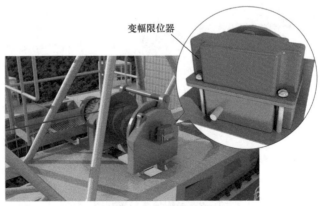

变幅限位器

图 3-4　变幅限位器

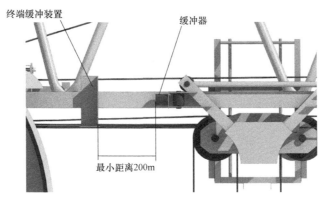

图 3-5　小车变幅最小位置

## 3.3　回转限位器

说明：

对回转处不设集电器供电的塔式起重机，应设置回转限位开关，开关动作时臂架旋转角度不应大于±540°（图 3-6）。

图 3-6　回转限位器

## 3.4　起重量限制器

说明：

（1）塔式起重机应安装起重量限制器。如设有起重量显示装置，则其数值误差不应大于实际值的±5%。

（2）当起重量大于相应挡位的额定值并小于该额定值的110%时，应停止上升方向的动作，但机构可作下降方向的运动（图 3-7）。

图 3-7　起重量限制器

## 3.5　起重力矩限制器

说明：

（1）塔式起重机应安装起重力矩限制器。如设有起重力矩显示装置，则其数值误差不应大于实际值的±5%。

（2）当起重力矩大于相应工况下的额定值并小于该额定值的110%时，应停止上升和幅度增大方向的动作，但机构可作下降和减小幅度方向的运动。

（3）力矩限制器控制定码变幅的触点或控制定幅变码的触点应分别设置，且能分别调整。

（4）对小车变幅的塔式起重机，其变幅速度超过40m/min，在小车向外运行，且起重力矩达到额定值的80%时，变幅速度应自动转换为不大于40m/min的速度运行（图3-8）。

图 3-8　起重力矩限制器

## 3.6 小车断绳保护装置

说明:

小车变幅的塔式起重机,变幅的双向均应设置断绳保护装置,且应有效、可靠(图 3-9)。

图 3-9 小车断绳保护装置

## 3.7 断轴保护装置

说明:

小车变幅的塔式起重机,应设置变幅小车断轴保护装置,即使轮轴断裂,小车也不会掉落(图 3-10)。

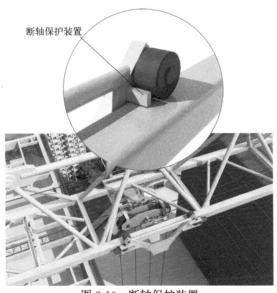

断轴保护装置

图 3-10 断轴保护装置

## 3.8　顶升横梁防脱装置

说明：

滑轮、起升卷筒及变幅卷筒均应设有钢丝绳防脱装置，该装置与滑轮或卷筒侧板最外缘的间隙不应超过钢丝绳直径的 20％（图 3-11）。

钢丝绳防脱装置

图 3-11　钢丝绳防脱装置

## 3.9　吊钩保险装置

说明：

吊钩应设有防止钢丝绳脱钩的装置，防止索具从吊钩开口处脱出（图 3-12）。

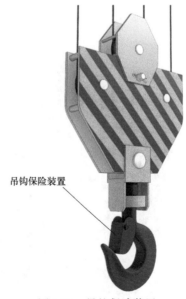

吊钩保险装置

图 3-12　吊钩保险装置

## 3.10　风速仪及障碍灯

说明:

当塔顶高度超过 30m 或群塔作业时,应设置红色障碍灯,起重臂根部铰点高度超过 50m 时应设置风速仪 (图 3-13)。

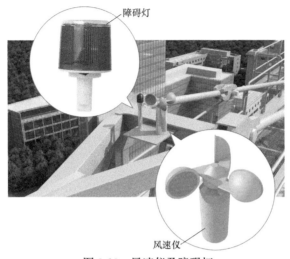

图 3-13　风速仪及障碍灯

## 3.11　顶升横梁防脱装置

说明:

自升式塔式起重机应具有防止塔身在正常加节、降节作业时,顶升横梁从塔身踏步中意外脱出的功能 (图 3-14)。

图 3-14　顶升横梁防脱装置

# 3.12    缓冲器和止挡装置

说明：

塔式起重机行走和小车变幅的轨道行程末端均需设置止挡装置。缓冲器安装在止挡装置或塔式起重机变幅小车上，当塔式起重机变幅小车与止挡装置撞击时，缓冲器应使塔式起重机变幅小车较平稳地停车而不产生猛烈的冲击（图 3-15）。

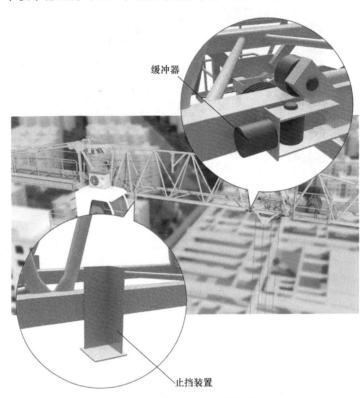

图 3-15    缓冲器和止挡装置

# 第4章 塔式起重机安装准备工作

## 4.1 相关准备资料

塔式起重机安装之前，需要准备塔式起重机备案证（图4-1）、塔式起重机制造许可证（图4-2）、塔式起重机合格证（图4-3）、安装单位资质证书（图4-4）、安装单位安全生产许可证（图4-5）、工程师证件（图4-6）、安全员证件（图4-7）、塔式起重机安装拆卸工证件（图4-8）、塔式起重机安装合同（图4-9）、安全协议书（图4-10）、塔式起重机安装施工方案（图4-11）、塔式起重机安装方案审批表（图4-12）、建筑起重机械安拆作业交底书（图4-13）、安装工程生产安全事故应急救援预案（图4-14）、塔式起重机基础验收表（图4-15）、塔式起重机转场自检表（图4-16）、塔式起重机安拆安全技术交底表（图4-17）、塔式起重机安装告知资料（图4-18）等相关资料。

图4-1 塔式起重机备案证

图4-2 塔式起重机制造许可证

图 4-3　塔式起重机合格证　　　　　　　　图 4-4　安装单位资质证书

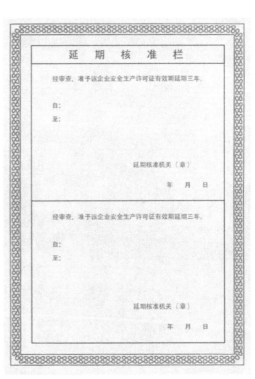

图 4-5　安装单位安全生产许可证

图 4-7　安全员证件

图 4-6　工程师证件

图 4-8　塔式起重机安装拆卸工证件

图 4-9　塔式起重机安装合同

图 4-10　安全协议书

图 4-11　塔式起重机安装施工方案

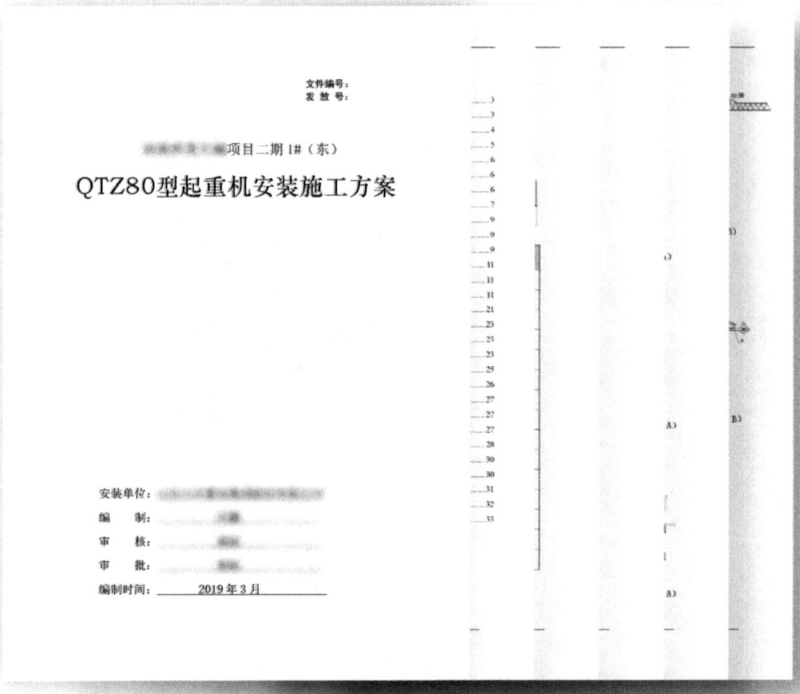

塔式起重
机安装方
案审批表

图 4-12　塔式起重机安装方案审批表

建筑起重机械
安装（拆卸）
作业交底书

图 4-13　建筑起重机械安拆作业交底书

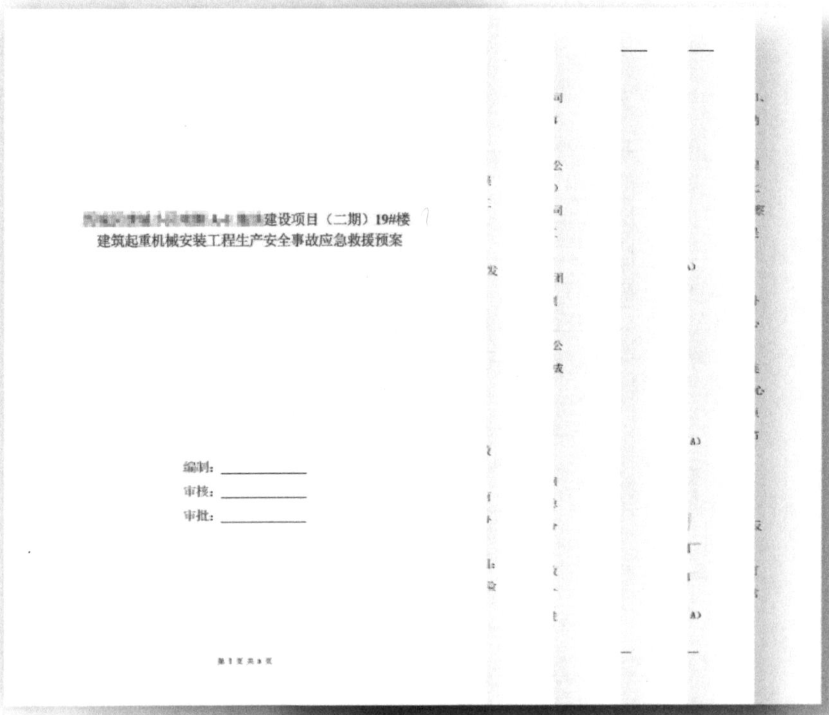

图 4-14　安装工程生产安全事故应急救援预案

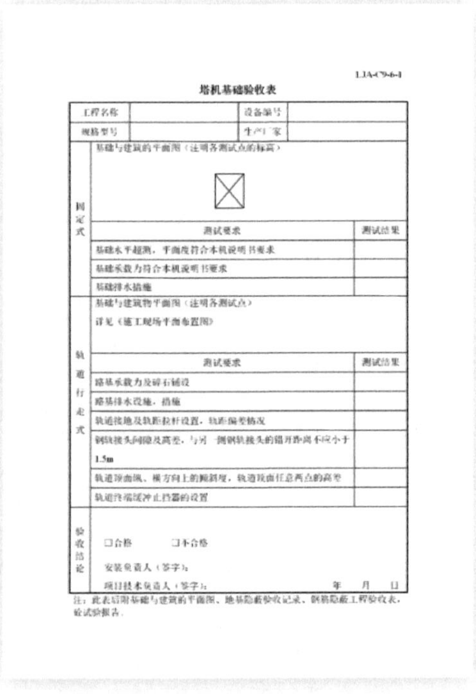

塔式起重机
基础验收表

图 4-15　塔式起重机基础验收表

塔式起重机
转场自检表

图 4-16　塔式起重机转场自检表

塔式起重机
安拆安全技
术交底表

图 4-17　塔式起重机安拆安全技术交底表

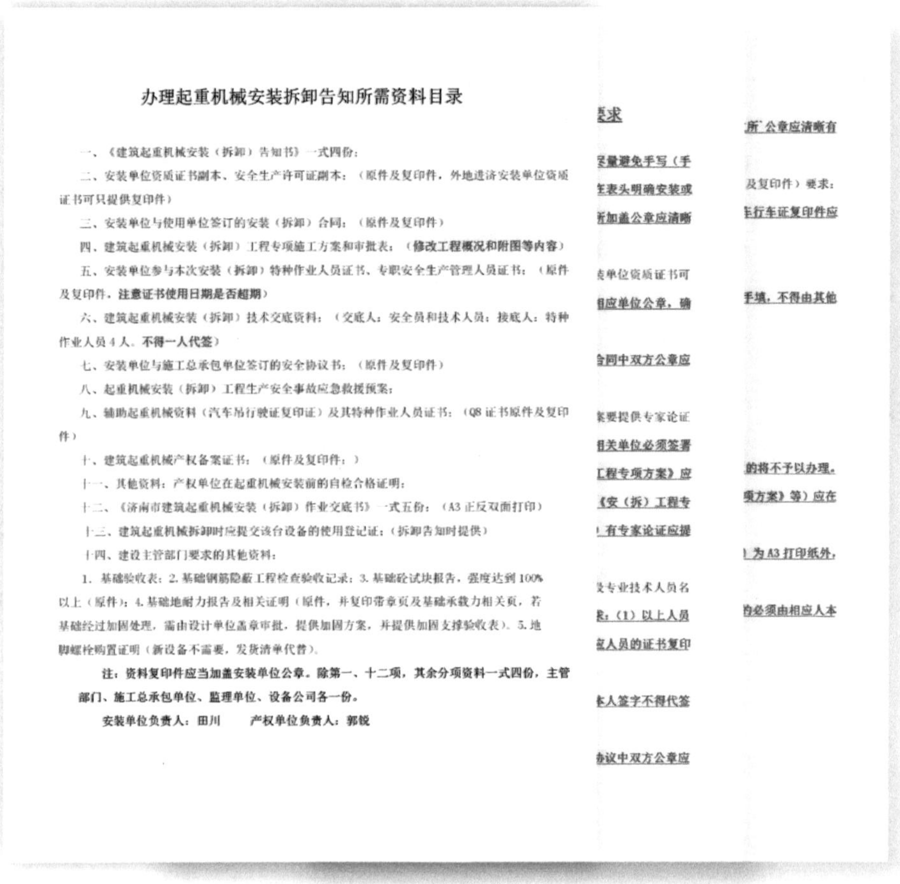

图 4-18　塔式起重机安装告知资料

# 4.2　安装准备工作

安装准备工作　　　　在雷雨天、雪天、大雾或风速超过 9m/s 的恶劣天气下，不得进行安装作业（图 4-19）。

塔式起重机安装应选用起重性能符合安装需求的起重设备（图 4-20）。

安装时，作业现场应有相关人员进行现场监督检查（图 4-21）。

除安拆单位的项目负责人和产权单位的项目负责人可以为同一个人外，其余人员不得兼职（图 4-22）。

安装作业中，安装人员数量满足施工要求（图 4-23）。

安装作业中，安装工具配备齐全（图 4-24）。

安装作业中，钢丝绳吊索、索具以及测量仪器准备齐全（图 4-25）。

安装（拆卸）作业前，应进行安全技术交底，并做好签字、记录、归档（图 4-26）。

作业人员应持证上岗，正确佩戴个人安全防护用品（图 4-27）。

根据安装作业现场情况设置警戒区域（图 4-28）。

图 4-19 恶劣天气不得进行安装作业

图 4-20 符合安装需求的起重设备

图 4-21 相关人员现场监督检查

图 4-22 人员编制

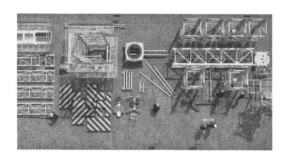

图 4-23 人员数量应满足要求

图 4-24 安装工具

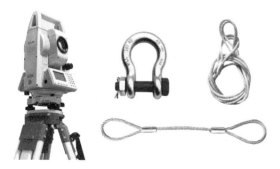

图 4-25 钢丝绳吊索、索具以及测量仪器

图 4-26 安拆前做好安全技术交底

图 4-27　持证上岗

图 4-28　设置警戒

# 4.3　塔式起重机安装条件

塔式起重机安装前还应对各部件进行全面检查，应达到以下条件方可安装。

应检查基础混凝土试块强度，达到设计强度 80％以上方可安装（图 4-29）。

汽车吊吊装前，应检查汽车吊年审记录及司机操作证，检查汽车吊安全装置是否齐全有效（图 4-30）。

图 4-29　检查试块强度

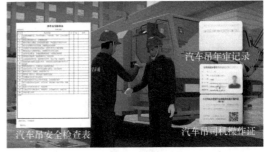

图 4-30　检查证件

应告知司机操作规程及吊装要点（图 4-31）。

地基应坚实，满足汽车吊吊装时最不利荷载的承载力要求，铺好钢板、枕木，伸出全部支腿后，方可吊装（图 4-32）。

图 4-31　操作培训

图 4-32　吊装准备

严禁在未处理的回填土和基坑边缘进行吊装（图 4-33）。

新塔式起重机首次安装，生产厂家必须派技术人员现场指导（图 4-34）。

图 4-33　违规操作

图 4-34　首次安装

在有架空输电线的场所，塔式起重机的任何部位与架空输电线的安全距离应符合表 4-1 的有关规定。

安全距离　　　　　　　　　　　　　　　　　　　　　　　　　　　　表 4-1

| 安全距离(m)<br>电压(kV) | <1 | 10 | 35 | 110 | 220 | 330 | 500 |
| --- | --- | --- | --- | --- | --- | --- | --- |
| 沿垂直方向 | 1.5 | 3.0 | 4.0 | 5.0 | 6.0 | 7.0 | 8.5 |
| 沿水平方向 | 1.5 | 2.0 | 3.5 | 4.0 | 6.0 | 7.0 | 8.5 |

当条件限制安全距离不符合规定时，必须采取相应的安全防护措施（图 4-35～图 4-37）。

塔式起重机基础应按国家现行标准和使用说明书所规定的要求进行设计和施工，根据地质勘察报告确认地基承载力。如果不满足使用说明书要求，可采用桩基承台式混凝土基础或组合式基础。混凝土强度应符合规范、塔式起重机使用说明书要求。并做好基础预埋和接地，接地电阻值不得大于 4Ω（图 4-38）。

图 4-35　安全防护

图 4-36　警告标志牌

图 4-37　警示灯

图 4-38　桩基承台式基础

塔式起重机
的安装条件

# 第 5 章　QTZ80 平头塔式起重机安装流程

## 5.1　塔式起重机安装

说明：

塔式起重机安装施工工艺流程为：安装基础节→安装标准节→安装顶升套架→安装回转总成→安装塔头→安装司机室→接电源→安装平衡臂→按塔式起重机使用说明书安装部分平衡重→接通控制线路→安装起重臂→安装余下平衡重→穿绕钢丝绳→调试运转（图 5-1）。

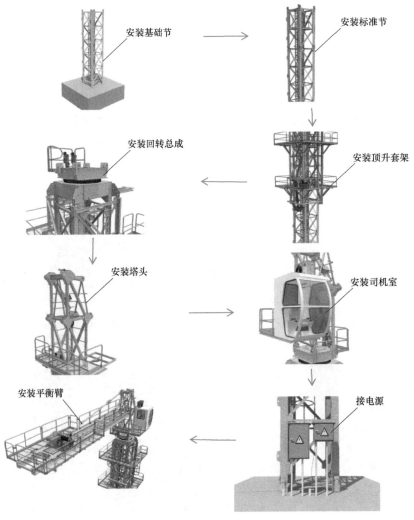

图 5-1　塔式起重机安装流程（一）

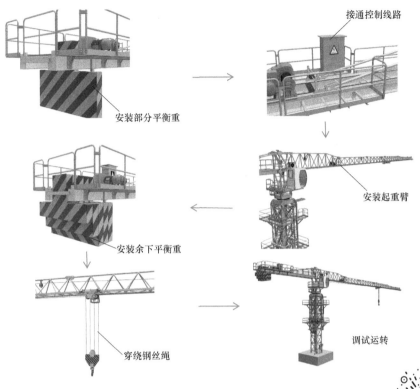

图 5-1　塔式起重机安装流程（二）

（1）吊装基础节和标准节

吊装 1 节基础节到基础预埋节或预埋支腿上（图 5-2）。

销轴连接牢固（图 5-3）。

塔式起重机
安装流程

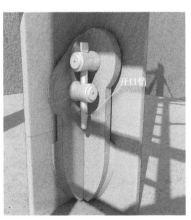

图 5-2　吊装基础节　　　　　　　　图 5-3　销轴连接

吊装 1 节标准节（图 5-4）。

销轴连接牢固（图 5-5）。

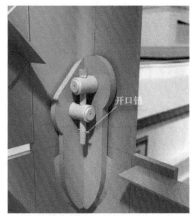

图 5-4　吊装标准节　　　　　　　　　　图 5-5　销轴连接

（2）安装顶升套架

安装顶升套架，将顶升套架组装完毕后，将吊具挂在顶升套架上，拉紧钢丝绳吊起（图 5-6）。

将顶升套架缓慢套装在基础节和标准节外侧（图 5-7）。

图 5-6　安装顶升套架　　　　　　　　　　图 5-7　吊装顶升套架

顶升套架上的支撑爬爪放在基础节上部的踏步上（图 5-8）。

图 5-8　支撑爬爪

（3）安装回转总成

拼装回转总成，回转总成包括：回转上支座、回转下支座、回转支承、引进梁、回转机构及平台等（图 5-9）。

图 5-9　拼装回转总成

在地面上用卡环将吊索固定在回转上支座的 4 个耳座上（图 5-10）。

找好平衡后将其吊至标准节上，分别打入 $\phi45$ 销轴、$\phi14$ 销轴（或拧紧螺栓）（图 5-11）。

图 5-10　吊装回转总成

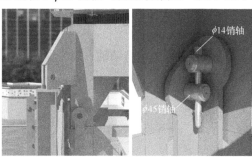

图 5-11　回转总成与标准节连接

注意：引进梁的方向与套架开口方向相一致（图 5-12）。

图 5-12　引进梁与套架开口方向一致

（4）安装塔头

安装塔头，选择好吊点（图 5-13）。

图 5-13　起吊塔头

将塔头垂直吊起，放入回转上支座的耳座中（图5-14）。

安装时注意司机室与回转机构不在同一侧，对准后在四个角分别打入销轴，安装轴套（图5-15）。

图5-14 塔头与回转支座连接　　　　　图5-15 打入销轴安装轴套

用槽形螺母分别将销轴、轴套紧固（图5-16）。

图5-16 用槽形螺母固定

（5）安装司机室

吊起司机室（图5-17）。

图5-17 吊起司机室

安装在司机室平台上，然后用螺栓联接牢固，接通电源（图5-18）。

图 5-18　用螺栓联接牢固

（6）安装平衡臂

在地面上将起升机构、平台、护栏部分平衡臂拉杆安装在平衡臂上，并固定连接好（图 5-19）。

图 5-19　组装平衡臂

吊起平衡臂，用销轴将平衡臂与塔头固定连接好（图 5-20）。

图 5-20　连接固定平衡臂与塔头

将平衡臂逐渐抬高至适当的位置（图 5-21）。

图 5-21　抬高平衡臂

用销轴将平衡臂拉杆与塔头上拉杆相连接，穿好并张开开口销（图5-22）。

图 5-22　连接平衡臂拉杆与塔头上拉杆

缓慢地将平衡臂放下，再吊装一块平衡重，放置在平衡臂最里端的安装位置上（图5-23）。

图 5-23　吊装平衡重

（7）安装起重臂

在塔式起重机附近准备好枕木，按安装说明书要求拼装好起重臂（图5-24）。

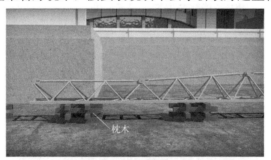

图 5-24　拼装起重臂

将载重小车装入起重臂下弦杆的导轨上，然后将维修挂篮紧固安装在载重小车上（图5-25）。

图 5-25　载重小车

并使载重小车尽量靠近起重臂根部最小幅度处并固定（图 5-26）。

图 5-26　最小幅度处

安装变幅机构，卷筒绕出长、短两根钢丝绳（图 5-27）。

图 5-27　安装变幅机构

其中短的钢丝绳通过臂根导向滑轮固定于载重小车后部（图 5-28）。

图 5-28　臂根导向滑轮

另一根长的钢丝绳通过起重臂中间及头部导向滑轮，固定于载重小车前部（图 5-29）。

图 5-29　头部导向滑轮

在载重小车后部设有绳卡固定钢丝绳，绳卡间距等于 6～7 倍的绳径（图 5-30）。

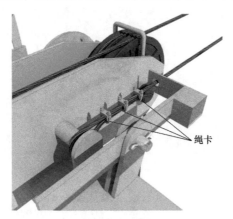

图 5-30　绳卡

载重小车设有钢丝绳张紧装置。如果变幅钢丝绳松弛，调整张紧装置，即可将钢丝绳张紧（图 5-31）。

图 5-31　钢丝绳张紧装置

检查起重臂上的电气系统是否完善（图 5-32）。

图 5-32　检查电气系统

试吊是否平衡，否则适当移动挂绳位置（图 5-33）。

图 5-33　试吊是否平衡

起吊起重臂至安装高度（图 5-34）。

图 5-34　起吊起重臂

用销轴将上弦杆的连接板与塔头连接固定，放下起重臂（图 5-35）。

图 5-35　连接上弦杆

安装下弦杆与塔头的连接销轴（图 5-36）。

图 5-36　安装下弦杆

（8）吊装余下规定数量平衡重

吊装余下规定数量平衡重，各平衡重之间必须紧密贴合，并向起重臂方向压紧，接通电气系统（图 5-37）。

图 5-37　吊装余下平衡重

（9）穿绕起升钢丝绳（图 5-38）

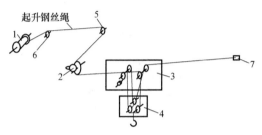

图 5-38　钢丝绳穿绕

1—起升卷筒；2—起重量限制器；3—变幅小车滑轮组；4—吊钩滑轮组；
5—臂架滑轮；6—排绳滑轮；7—臂端防扭装置

起升钢丝绳穿绕过钢丝绳排绳轮（图 5-39）。

图 5-39　钢丝绳排绳轮

钢丝绳穿绕过臂架滑轮、起重量限制器滑轮（图 5-40）。

图 5-40　臂架滑轮、起重量限制器滑轮

钢丝绳穿绕过变幅小车滑轮组、吊钩滑轮组至固定节点（图 5-41）。

图 5-41　变幅小车滑轮组、吊钩滑轮组

（10）调试运转

塔式起重机电气部分，如电压、电流、相序、过载、短路等安全保护系统要齐全有效（图 5-42）。

图 5-42　塔式起重机电气部分

各机构进行试运转，检查各机构运转是否正常（图 5-43）。

图 5-43　各机构试运转

同时检查各处钢丝绳是否处于正常工作状态，是否与结构构件有干涉（图 5-44）。

图 5-44　检查钢丝绳

所有不正常情况均应予以排除（图5-45）。

图5-45 起重机日检表

当整机安装完毕后，在无风状态下，测量塔身轴线的垂直度，允差≤4/1000（图5-46）。

图5-46 垂直度允差

## 5.2 顶 升

### 5.2.1 顶升前安全要点

检查顶升油缸（图5-47）。

塔式起重机回转下支座与顶升套架应可靠连接、确保顶升横梁搁置正确、配平塔式起重机上部重量，使塔式起重机上部结构的重心与顶升油缸在同一竖直线上（图5-48）。

图5-47 检查顶升油缸

图5-48 垂直地面

检查下支座与顶升套架所有螺栓或销轴全部连接可靠（图5-49）。

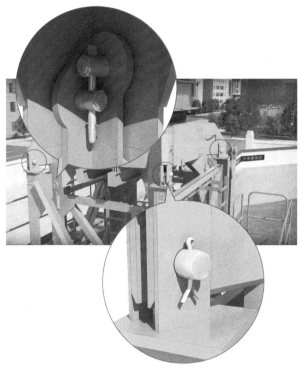

图 5-49　销轴连接可靠

在顶升套架四角上部粘贴高 150mm×宽 100mm 的警示牌（图 5-50）。

图 5-50　安全警示牌

**安 全 警 示 牌**

①严禁漏装此螺栓或销轴。

②顶升全过程严禁拆卸此螺栓或
销轴。

③起重臂、配重臂、塔头全部卸
下后方可拆卸此螺栓或销轴。

④检查泵站液压油液位，对液压
系统试运行。

⑤检查踏步、踏步座部件有无裂
缝、变形、脱焊等缺陷。

顶升前安
装要点

### 5.2.2 顶升中安全要点

横梁端部的销轴应正确入位，且应插好安全销（图5-51）。

回转机构制动开关应锁定，防止因误操作或风导致旋转（图5-52）。

图5-51 顶升横梁

图5-52 回转机构制动开关

顶升时严禁小车前后移动（图5-53）。

顶升时严禁吊钩升降（图5-54）。

图5-53 严禁小车移动

图5-54 严禁吊钩升降

若要连续加节，则每加完1节后，用塔式起重机自身起吊下1节标准节前，塔身各主弦杆和下支座应可靠连接。销轴应使用厂家提供的安全销（图5-55）。

作业中途暂停时，应将标准节与下支座螺栓或销轴全部紧固（图5-56）。

图5-55 安全销

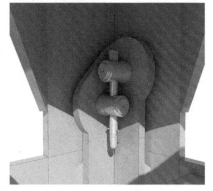

图5-56 紧固销轴

顶升时应随时观察套架与塔身轨道有无卡阻现象，主电缆是否被夹拉挤伤等，若出现异常情况，应立即停止操作，排除故障确保安全（图5-57）。

图 5-57　顶升套架

顶升中
安装要点

### 5.2.3　顶升后安全要点

说明:

顶升结束后,应将标准节与回转下支座可靠连接。

塔式起重机在每次安装、附着、顶升加节后均应对起重力矩限制器、起重量限制器、起升高度限位器等安全装置进行调试,调试合格后方可使用(图 5-58)。

图 5-58　顶升后安全要点

顶升后
安装要点

## 5.3　塔式起重机附着

塔式起重机安装高度达到最大独立高度(图 5-59)。

图 5-59　最大独立高度

附着框按说明书规定进行组装（图 5-60）。

附着框必须顶紧塔身（图 5-61）。

图 5-60 附着框组装

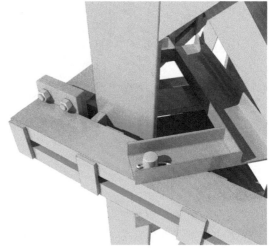

图 5-61 顶紧塔身

图 5-62 连墙件

说明：

塔式起重机安装高度超过独立高度时，应及时附着方可加高。其附着间距及自由端高度应符合使用说明书的规定。对于不符合说明书要求的附墙杆，其计算书、设计图以及制作材料应由原制造厂家确认。

塔式起重机附着前应在建筑物上安装连墙件。并对连墙件处的结构承载力进行复核确认，必要时进行加强处理。将附着框按说明书的规定进行组装，使其顶紧塔身。最后安装附着杆。塔式起重机附着时应注意测量调整塔身垂直度，确保塔式起重机最高附着点以下的塔身轴心线对支撑面垂直度不得

大于相应高度的 2‰，最高附着点以上的塔身轴心线对支撑面垂直度不得大于 4‰。

连墙件的组装按说明书规定进行（图 5-62）。

塔式起重机在调试、自检、检测及联合验收合格后，方可投入使用。施工总承包单位应当在验收后 30 日内到起重机械安装地点所在地的建筑安全监督机构办理使用登记。验收合格后，应悬挂验收合格牌、操作规程牌。

随着塔式起重机的升高，还应按规定进行必要的过程检测和验收，合格后方可继续使用。

塔式起重机附着

# 第6章 塔式起重机检查、验收

## 6.1 安 装 验 收

塔式起重机检查、验收，需要准备塔式起重机转场自检表（图 6-1）、塔式起重机检验报告（图 6-2）、塔式起重机安装验收表（图 6-3）、塔式起重机使用登记证书（图 6-4）等相关资料。

**塔机转场自检表**

| 待用工程名称 | | | | | |
|---|---|---|---|---|---|
| 塔机型号 | | 出厂编号 | | 备案编号 | |
| 制造单位 | | | | | |

| 检验项目及要求 | | 检验结果 |
|---|---|---|
| 钢结构 | 钢结构齐全、无丢失、无变形、开焊、裂纹，结构表面无严重锈蚀，油漆无大面积脱落 | |
| 传动机构 | 减速机、卷扬机、制动器、回转机构、液压顶升系统部件齐全、工作正常 | |
| 钢丝绳 | 完好、无断股、断丝不超过规范要求 | |
| 吊钩 | 无裂纹、变形、严重磨损，钩身无补焊、钻孔现象 | |
| 滑轮 | 完好、转动灵活、无卡塞现象 | |
| 安全装置 | 各限位装置、保险装置齐全、牢固、动作灵敏 | |
| 电气 | 电缆无破损，制动开关无损坏丢失、开关灵敏 | |
| 油料 | 各部油箱油量、油质符合本机说明书要求、油路畅通无泄漏、堵塞现象。 | |
| 其它部件 | 齐全、无损坏、丢失 | |

| 检验结论 | |
|---|---|

产权单位技术负责人：　　　　　　　　　　检验人员：

产权单位（章）：

　　　　　　　　　　　　　　　　　　年　　月　　日

图 6-1　塔式起重机转场自检表

塔式起重机
转场自检表

塔式起重机检验报告

报告编号：

# 塔式起重机检验报告

工 程 名 称 ：_____

施 工 单 位 ：_____

监 理 单 位 ：_____

安 装 单 位 ：_____

设 备 型 号 ：_____

制 造 单 位 ：_____

检 验 日 期 ：_____

检验单位：

图 6-2 塔式起重机检验报告

塔式起重机
检验报告

LJA-C9-6-3

**塔式起重机安装验收表**

| 工程名称 | 历城区唐城小区南侧 A-1 地块建设项目（二期）16 号楼 | | | | | | |
|---|---|---|---|---|---|---|---|
| 塔式起重机 | 型号 | STT133 | 设备编号 | 鲁CH-T02477 | 起升高度 | | m |
| | 幅度 | m | 起重力矩 | KN·m | 最大起重量 | T 塔高 | m |
| 与建筑物水平附着距离 | | m | 各道附着间距 | m | 附着道数 | | |

| 验收部位 | 验收要求 | 结果 |
|---|---|---|
| 塔式起重机结构 | 部件、附件、连接件安装齐全，位置正确 | |
| | 螺栓拧紧力矩达到技术要求，开口销完全撬开 | |
| | 金属构件无裂纹、变形、开焊 | |
| | 压重、配重的重量与位置符合使用说明书要求 | |
| 基础与轨道 | 地基坚实、平整，地基或基础隐蔽工程资料齐全、准确 | |
| | 基础周围有排水措施 | |
| | 路基箱或枕木铺设符合要求，夹板、道钉使用正确 | |
| | 钢轨顶面纵、横方向上的倾斜度不大于 1/1000 | |
| | 塔式起重机底架平整度符合使用说明书要求 | |
| | 止挡装置距钢轨两端距离≥1m | |
| | 行走限位装置距止挡装置距离≥1m | |
| | 轨接头间距不大于 4mm，接头高低差不大于 2mm | |
| 机构及零部件 | 钢丝绳在卷筒上面缠绕整齐、润滑良好 | |
| | 钢丝绳规格正确，断丝和磨损未达到报废标准 | |
| | 钢丝绳固定和编插符合国家及行业标准 | |
| | 各部位滑轮转动灵活、可靠，无卡塞现象 | |
| | 吊钩磨损未达到报废标准，保险装置可靠 | |
| | 各机构转动平稳、无异常响声 | |
| | 各润滑点润滑良好，润滑油牌号正确 | |
| | 制动器动作灵活可靠，联轴节连接良好，无异常 | |

图 6-3 塔式起重机安装验收表

塔式起重机安装验收表

**济南市建筑起重机械使用登记证书**

编号：

| | | | |
|---|---|---|---|
| 起重机械名　称 | | 规格型号 | |
| 出厂日期 | | 生产厂家 | |
| 产权备案编　号 | | 出厂编号 | |
| 使用工程名　称 | | 使用单位 | |
| 产权单位 | | 安装单位 | |
| 检验检测机　构 | | 检验报告编　号 | |
| 设备有效使用时间 | | | |

安装编号：

发证机关：

发证时间：

注：1、本使用登记证书一式两份，一份使用单位存档，一份覆膜后张挂在设备底部结构体外侧；
2、本使用登记证在安装单位办理起重机械拆卸告知手续的同时自动注销；
3、设备达到使用年限后，此证自动注销

塔式起重机使用登记证书

图 6-4　塔式起重机使用登记证书

## 6.2　检　　查

应在每次换班或每个工作日的开始，对在用塔式起重机按其类型针对图 6-5 所示检查表中所列适合的内容进行逐项检查，检查应做好记录并加以保存归档。

**塔式起重机运行、交接班记录**

**试车检查记录**

| | | | |
|---|---|---|---|
| 工程名称 | | 使用单位 | |
| 设备型号 | | 备案登记号 | |
| 检查结果代号说明 | √=合格　○=整改后合格　×=不合格 | | |

| 检查项目及要求 | 结　果 |
|---|---|
| 路基与轨道符合要求 | |
| 各部结构无变形，螺栓紧固，焊缝无裂纹和开焊 | |
| 减速机润滑油质，油量符合要求 | |
| 接通电源前各控制开关应处于零位，操作系统灵活准确，电气元件牢固正常 | |
| 制动器动作灵活，制动可靠 | |
| 吊钩及各部滑轮转动灵活，无卡塞现象 | |
| 各部钢丝绳应完好，固定端牢固，缠绕整齐 | |
| 安全保护装置灵敏可靠。 | |
| 附着装置安全可靠 | |
| 空载运转一个作业循环，机构无异常 | |

本班司机（签字）：　　　　年　月　日

**交接班记录**

| | |
|---|---|
| 本班设备运行情况： | |
| 本班设备作业项目及内容： | |
| 本班应注意的事项： | |
| 交班司机（签字）： | 接班司机（签字）： |
| 交接时间：　　　　年　月　日　时　分 | |

1、严禁操作者无证上岗。
2、严禁超载和违法操作规程。
3、经试车存在有不安全因素，应立即停车维修，严禁设备带病作业。
4、交接班时，必须由交班司机和接班司机分别签字，严禁代签。
5、交接时间准确。

塔式起重机日检表

图 6-5　塔式起重机日检表

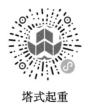

　　每月联合检查一次。除了按照日常检查表中的内容进行检查外，还应根据起重机类型针对图 6-6 所示表中的内容进行检查，检查应做好记录并加以保存归档。

| 塔式起重机每月检查表 | | | | | | | | LJA-C9-6-5 |
|---|---|---|---|---|---|---|---|---|
| 工程名称 | | | | | | | | |
| 塔式起重机 | 型号 | | 设备编号 | | 起升高度 | | | m |
| | 幅度 | m | 起重力矩 | KN·m | 最大起重量 | t | 塔高 | m |
| 与建筑物水平附着距离 | | | m | 各道附着间距 | m | 附着道数 | | |
| 验收部位 | 验收要求 | | | | | | | 结果 |
| 塔式起重机结构 | 部件、附件、连接件安装齐全，位置正确 | | | | | | | |
| | 螺栓拧紧力矩达到技术要求，开口销完全撬开 | | | | | | | |
| | 结构无变形、开焊、疲劳裂纹 | | | | | | | |
| | 压重、配重的重量与位置符合使用说明书要求 | | | | | | | |
| 基础与轨道 | 地基坚实、平整，地基或基础隐蔽工程资料齐全、准确 | | | | | | | |
| | 基础周围有排水措施 | | | | | | | |
| | 路基箱或枕木铺设符合要求、夹板、道钉使用正确 | | | | | | | |
| | 钢轨顶面纵、横方向上的倾斜度不大于1/1000 | | | | | | | |
| | 塔式起重机底架平整度符合使用说明书要求 | | | | | | | |
| | 止挡装置距钢轨两端距离≥1m | | | | | | | |
| | 行走限位装置止挡装置距离≥1m | | | | | | | |
| | 轨接头间距不大于4mm，接头高低差不大于2mm | | | | | | | |
| 机构及零部件 | 钢丝绳在卷筒上面缠绕整齐、润滑良好 | | | | | | | |
| | 钢丝绳规格正确、断丝和磨损未达到报废标准 | | | | | | | |
| | 钢丝绳固定和编插符合国家及行业标准 | | | | | | | |
| | 各部位滑轮转动灵活、可靠，无卡塞现象 | | | | | | | |
| | 吊钩磨损未达到报废标准、保险装置可靠 | | | | | | | |
| | 各机构转动平稳、无异常响声 | | | | | | | |
| | 各润滑点润滑良好、润滑油牌号正确 | | | | | | | |
| | 制动器动作灵活可靠、联轴节连接良好，无异常 | | | | | | | |

续表1

续表2

| | 结果 |
|---|---|
| 齐全、正确、可靠 | |
| 不大于相应高度的2/10 | |
| 轴线对支承面垂直度 | |
| 定要求 | |
| ±10%）V | |
| 保护，切断总电源的 | |
| 额定值的±0.5% | |
| 定值的±0.5% | |

| | | 结果 |
|---|---|---|
| 及其外围施工设施之间 | | |

| 用单位（章） | 产权单位（章） |
|---|---|
| 收人员（签字）： | 验收人员（签字）： |
| 年　月　日 | 年　月　日 |

填写实测数据，无数据用文字说明。

存一份。

图 6-6　塔式起重机月检表

塔式起重
机月检表

# 第7章 塔式起重机安全监控

安全监控系统具备超载报警、限位报警、风速报警、超载控制、数据实时传输等功能（图7-1）。

图7-1 安全监控系统

塔式起重机安全监控系统的安装人员，必须取得起重设备安装资格（图7-2）。

图7-2 安装资格证

对安装人员进行安全技术交底，并履行签字手续（图7-3）。

对相关人员进行操作及维护培训（图7-4）。

图7-3 安全技术交底

图7-4 人员培训

说明：

安全监控系统（图7-5）应当具备超载报警、限位报警、风速报警、超载控制、数据实时传输等功能。塔式起重机安全监控系统的安装人员，必须取得起重设备安装资格，方可从事安装作业。作业前，应对安装人员进行安全技术交底，并履行签字手续。塔式起重机安全监控系统安装调试完毕并经验收合格后，应对相关人员进行操作及维护培训。

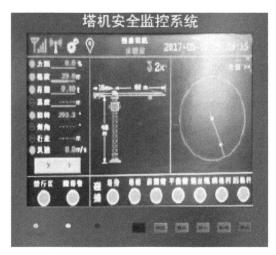

图 7-5　安全监控系统

说明：
（1）监控起重机械安拆作业过程的视频监控设施；
（2）监控物料吊装、司机操作行为的视频监控装置；
（3）在平衡臂安装监控卷筒钢丝绳排列情况的视频监控装置（图 7-6）；
（4）在起重机械底部悬挂二维码标牌，标牌尺寸边长为 80cm 等。

图 7-6　视频监控

塔式起重机安全监控

# 第8章 塔式起重机的使用

## 8.1 塔式起重机使用基本要求

塔式起重机操作人员应经省级以上专业培训机构培训，考试合格取得有效资格证书，经三级教育、安全技术交底后，方可执有效证件上岗作业（图8-1）。

塔式起重机正常作业时，司机室不准有除司机之外的其他人员（图8-2）。

图 8-1 岗前培训

图 8-2 违规操作

塔式起重机应在基座处设置门禁及身份识别系统，非当班司机，未经批准，不得攀爬（图8-3）。

司机应集中精力关注作业对象，塔式起重机运转时严禁脱岗、看手机或从事其他分散注意力的行为（图8-4）。

图 8-3 身份识别系统

图 8-4 注意力集中

对非操作人员，撬门破锁，私开塔式起重机的嫌疑人，以危害公共安全、破坏重大设备的行为报公安机关，追究法律责任（图8-5）。

塔式起重机各安全限位装置不得随意调整和拆除，严禁用限位装置代替操作机构（图8-6）。

图 8-5　违法行为　　　　　　　　　　图 8-6　正确使用安全限位

塔式起重机在使用中，禁止将吊重物越过施工现场的办公楼（图 8-7）。

塔式起重机在使用中，禁止将吊重物越过施工现场的门卫室（图 8-8）。

图 8-7　违规操作 1　　　　　　　　　图 8-8　违规操作 2

塔式起重机在使用中，禁止将吊重物越过施工现场的作业人员上方（图 8-9）。

当塔顶高度超过 30m 或群塔作业时，应设置红色障碍灯，起重臂根部铰点高度超过 50m 时应设置风速仪（图 8-10）。

图 8-9　违规操作 3　　　　　　　　　图 8-10　设置风速仪

作业完毕后，将吊钩收到最高位置，变幅小车回到司机室附近，松开回转制动器确保起重臂能随风转动，控制开关应置于零位，并切断总电源（图 8-11、图 8-12）。

图 8-11　控制开关置于零位

图 8-12　切断总电源

# 8.2　十　不　准

塔式起重机
使用基本
要求

说明：

（1）无证不准操作（图 8-13）；

（2）酒后不准操作（图 8-14）；

（3）操作时，不准闲聊和打瞌睡（图 8-15）；

（4）塔式起重机作业时，不准上下塔式起重机（图 8-16）；

（5）吊钩不准过人头（图 8-17）；

（6）吊物时不准长时间空中停留（图 8-18）；

（7）升降、变幅、回转不准同时操作（图 8-19）；

（8）外人不准进入驾驶室（图 8-20）；

（9）安全装置不准当操作机构（图 8-21）；

（10）工作时不准维修、调整机器（图 8-22）。

图 8-13　十不准 1

图 8-14　十不准 2

图 8-15　十不准 3

图 8-16　十不准 4

图 8-17　十不准 5

图 8-18　十不准 6

图 8-19　十不准 7

图 8-20　十不准 8

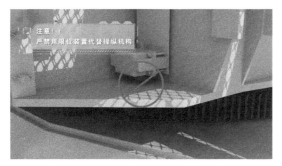

图 8-21　十不准 9

图 8-22　十不准 10

# 8.3　十　不　吊

塔式起重
机十不吊

说明：

(1) 歪拉斜吊不吊（图 8-23）；

(2) 超负荷不吊（图 8-24）；

(3) 埋在地下或粘连在地面不知重量的物件不吊（图 8-25）；

(4) 无人指挥或多人指挥、违章指挥和信号不明不吊（图 8-26）；

(5) 小物件未用吊篮或超过吊篮边缘不吊（图 8-27）；

(6) 起吊物上站人或有活动物品不吊（图 8-28）；

（7）起吊物和附件捆绑不符合安全要求不吊（图 8-29）；

（8）起吊物边缘锋利、棱形物体无防护措施不吊（图 8-30）；

（9）安全装置失灵不吊（图 8-31）；

（10）暴雨、暴雪、大雾、12m/s 以上大风等恶劣天气不吊（图 8-32）。

图 8-23　十不吊 1

图 8-24　十不吊 2

图 8-25　十不吊 3

图 8-26　十不吊 4

图 8-27　十不吊 5

图 8-28　十不吊 6

图 8-29　十不吊 7

图 8-30　十不吊 8

图 8-31 十不吊 9

图 8-32 十不吊 10

# 8.4 群 塔 作 业

当有两台及以上塔式起重机作业时，应当编制群塔安全作业方案（图 8-33）。并确保每两台塔式起重机之间的最小架设距离应保证处于低位的塔式起重机的起重臂端部与另一台塔式起重机的塔身之间至少有 2m 的距离；处于高位塔式起重机的最低位置的部件与低位塔式起重机中处于最高位置部件之间的垂直距离不应小于 2m（图 8-34）。

图 8-33 群塔作业专项方案

图 8-34 作业间距示意图

低塔让高塔原则：一般情况下，主要位置的塔式起重机、施工繁忙的塔式起重机应安装得较高，次要位置的塔式起重机安装得较低，施工中，低位塔式起重机应关注相关的高位塔式起重机运行情况，在查明情况后再进行动作（图 8-35）。

后塔让先塔原则：两塔式起重机同时在交叉作业区运行时，后进入该区域的塔式起重机应避让先进入该区域的塔式起重机（图 8-36）。

图 8-35 低塔让高塔

图 8-36 后塔让先塔

动塔让静塔原则：两塔式起重机同时在交叉作业区施工时，有动作的塔式起重机应避让正停在某位置施工的塔式起重机（图8-37）。

轻塔让重塔原则：两塔式起重机同时在交叉作业区施工时，无吊载的塔式起重机应避让有吊载的塔式起重机，吊载较轻或所吊构件较小的塔式起重机应避让吊载较重或吊物尺寸较大的塔式起重机（图8-38）。

图8-37　动塔让静塔

图8-38　轻塔让重塔

客塔让主塔原则：在明确划分施工区域后，闯入非本塔式起重机施工区域的塔式起重机应主动避让该区域塔式起重机（图8-39）。

说明：

（1）低塔让高塔原则：一般情况下，主要位置的塔式起重机、施工繁忙的塔式起重机应安装得较高，次要位置的塔式起重机安装得较低，施工中，低位塔式起重机应关注相关的高位塔式起重机运行情况，在查明情况后再进行动作。

图8-39　客塔让主塔

（2）后塔让先塔原则：两塔式起重机同时在交叉作业区施工时，后进入该区域的塔式起重机应避让先进入该区域的塔式起重机。

（3）动塔让静塔原则：两塔式起重机在交叉作业区施工时，有动作的塔式起重机应避让正停在某位置施工的塔式起重机。

（4）轻塔让重塔原则：两塔式起重机同时在交叉作业区施工时，无吊载的塔式起重机应避让有吊载的塔式起重机，吊载较轻或所吊构件较小的塔式起重机应避让吊载较重或吊物尺寸较大的塔式起重机。

（5）客塔让主塔原则：在明确划分施工区域后，闯入非本塔式起重机施工区域的塔式起重机应主动避让该区域塔式起重机。

群塔作业

# 第9章 塔式起重机拆卸

## 9.1 拆卸前准备工作

拆装单位应在起重机械安装（拆卸）前2个工作日以书面形式告知起重机械安装地点所在地的建筑安全监督机构（图9-1、图9-2）。

图9-1 施工方案及应急预案审定会

塔式起重机月检表

图9-2 拆卸前检查

# 9.2　QTZ80平头塔式起重机拆卸

说明：

拆卸前应对顶升横梁、踏步、支撑爬爪等主要构件进行检查，发现问题应采取措施，解决后方可进行拆卸作业。

塔式起重机拆卸工艺流程为：降节→拆除附着装置→拆除起升钢丝绳及变幅钢丝绳→拆卸部分平衡重→拆卸起重臂→拆卸剩余平衡重→拆卸平衡臂→拆卸司机室→拆卸塔头→拆卸回转装置总成→拆卸套架→拆卸标准节和基础节（图9-3）。

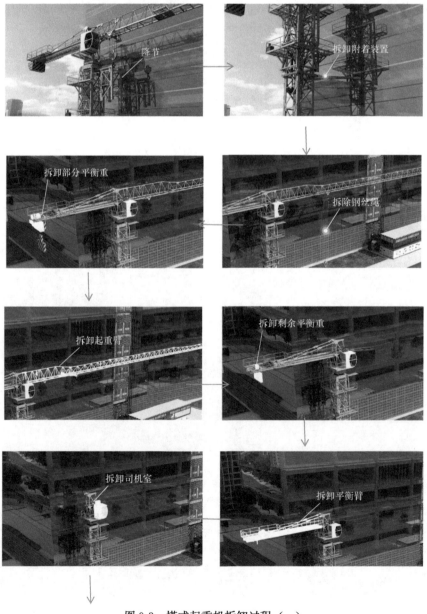

图9-3　塔式起重机拆卸过程（一）

图 9.3 塔式起重机拆卸过程（二）

QTZ80 塔式
起重机拆卸
流程

## 9.3 拆卸注意事项

塔式起重机拆除时应注意以下事项：

（1）在塔式起重机标准节已拆出，但下支座与塔身还未用销轴或高强度螺栓联接前，严禁使用回转机构、变幅机构和起升机构（图 9-4）；

（2）待起重臂、平衡臂、塔头全部卸下后方可拆卸下支座与顶升套架联接的螺栓或销轴（图 9-5）；

（3）塔式起重机附着杆件拆除时，不宜切割拆除，防止附着杆存有的牵、拉应力突然释放，造成严重后果（图 9-6）；

（4）转场时，塔身标准节销轴或螺栓应全部卸下，严禁多节标准节整体连接不拆解保养即转场安装（图 9-7）。

图 9-4 未用销轴

图 9-5 拆卸要求

图 9-6 违规拆除

图 9-7 违规转运

拆卸注意事项

# 第10章　塔式起重机的吊钩和索具

## 10.1　吊　　钩

说明：

吊钩禁止补焊，有下列情况之一的应予以报废（图10-1）：

(1) 用20倍放大镜观察表面有裂纹；

(2) 钩尾和螺纹部分等危险截面及钩筋有永久性变形；

(3) 挂绳处截面磨损量超过原高度的10%；

(4) 心轴磨损量超过其直径的5%；

(5) 开口度比原尺寸增加15%；

(6) 钩身的扭转角超过10°。

图 10-1　吊钩

## 10.2　索具（钢丝绳）

说明：

索具：吊运物品时，系结勾挂在物品上具有挠性的组合取物装置。一般由高强度挠性件配以端部环、钩、卸扣等组合而成。

钢丝绳连接主要有套管压制连接、编结连接和绳卡连接（图10-2）。

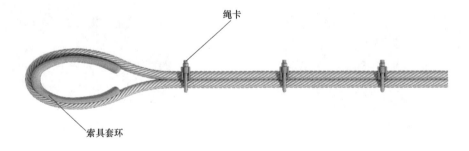

图 10-2　钢丝绳端部固定示例图

当钢丝绳的端部采用编结连接时（图10-3），编结部分的长度不得小于钢丝绳直径的20倍，并不应小于300mm，插接绳股应拉紧，突出部分应光滑平整，且应在插接末尾留出适当长度，用金属丝扎牢（表10-1）。

当钢丝绳吊索出现下列情况之一时，应停止使用、维修、更换或报废（图10-4）：

表 10-1

| 绳夹规格(钢丝绳公称直径 $d$)(mm) | 钢丝绳夹的最少数量(组) |
| --- | --- |
| ≤18 | 3 |
| 18～26 | 4 |
| 26～36 | 5 |
| 36～44 | 6 |
| 44～60 | 7 |

图 10-3　钢丝绳示意

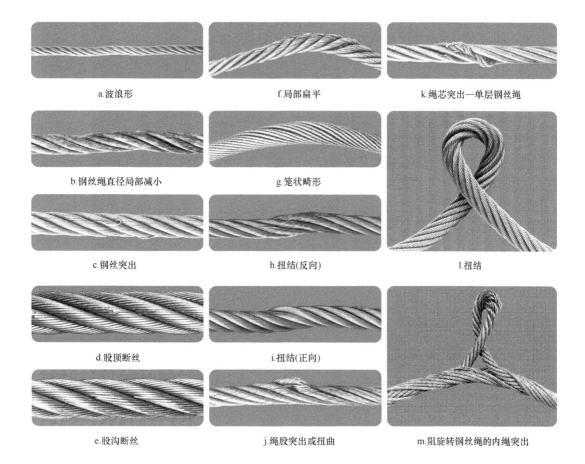

图 10-4　钢丝绳各种问题

# 第 11 章 塔式起重机安全管理要点

塔式起重机使用单位和安装单位应当在签订的塔式起重机的安装、拆卸合同中明确双方的安全生产责任。实行施工总承包的，施工总承包单位应当与安装单位签订塔式起重机的安装、拆卸工程安全协议书。

塔式起重机使用单位和出租单位应当在签订的租赁合同及安全协议书中明确双方的安全生产责任（图 11-1）。

如果塔式起重机出现以下情形之一的，不得租赁。

（1）属于国家和本地区明令淘汰和禁止使用的；

（2）超过安全技术标准或制造厂家规定使用年限的；

（3）经检验达不到安全技术标准规定的；

（4）没有完整的安全技术档案的；

（5）没有齐全有效的安全保护装置的。

图 11-1 签订租赁合同

施工总承包单位每个在建项目必须至少设置 1 名专职机管员，实施机长负责制，每台塔式起重机应指定 1 人为机长（图 11-2）。

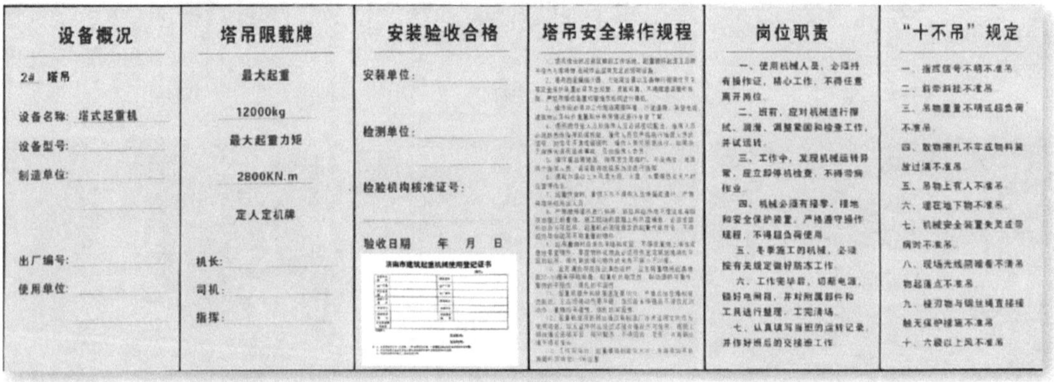

图 11-2 制度规程

每 8 小时为 1 台班，每班至少配备 1 名司机和 2 名信号工（图 11-3）。

每个台班结束，应及时更换司机，严禁塔式起重机司机超时作业（图 11-4）。

施工总承包单位应每周对塔式起重机司机、司索工及信号工进行安全教育（图 11-5）。

图 11-3　人员工作时间安排

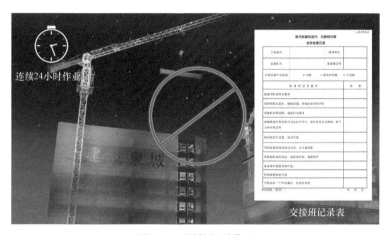

图 11-4　严禁超时作业

图 11-5　安全教育培训

施工总承包单位应每月组织产权单位和监理单位对力矩限制器、起升高度限位器等安全装置和主要部件进行检查（图 11-6、图 11-7）。

图 11-6 检查力矩限制器

图 11-7 检查起升高度限制器

安全装置检查时，司机、专职机管员拍照、打印（图 11-8）。

专职安全员和监理工程师在照片上签字（图 11-9）。

图 11-8 拍照、打印

图 11-9 照片签字

将签字的照片归档备查（图 11-10）。

塔式起重机围护栏上应设置"安装验收信息公示牌"（图 11-11）。

图 11-10 归档备查

图 11-11 安装验收信息公示牌

塔式起重机的司机室应配备灭火器（图 11-12）。

塔式起重机司机室的地板应设防火垫（图 11-13）。

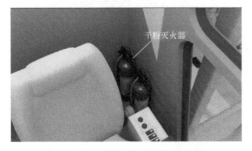

图 11-12 司机室应配备灭火器

图 11-13 地板应设防火垫

司机室应张贴力矩曲线图、产权单位、安拆单位、施工总承包单位、维护保养单位的联系人及电话（图 11-14）。

塔式起重机应配备足够的对讲机，每台塔式起重机使用专用的指挥频道（图 11-15）。

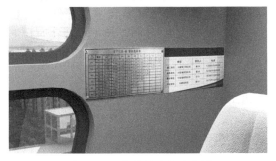

图 11-14　张贴联系人及电话

图 11-15　配备对讲机

高层、超高层施工时，鼓励使用塔式起重机远程实时视频安全监控系统（图 11-16）。

群塔作业时，施工总承包单位应对塔式起重机司机及信号指挥进行交底，群塔方案变更后，施工总承包单位需重新对塔式起重机司机及信号指挥进行交底（图 11-17）。

图 11-16　安全监控系统

图 11-17　安全技术交底

塔式起重机停用 6 月以上的，复工前，总承包单位应组织安装单位、租赁单位和监理单位等检查验收，合格后方可使用（图 11-18）。

塔式起重机使用每 6 个月由相应资质的检测机构跟踪检测一次。雨雪过后，应先经过试吊，确认制动器灵敏可靠后方可进行作业（图 11-19）。

图 11-18　复工检查

图 11-19　检测机构跟踪检测

说明：

施工总承包单位每个在建项目必须至少设置 1 名专职机管员，实施机长负责制，每台塔式起重机应指定1人为机长，每8小时为1台班，每台班配备1名司机和2名信号工（地面、作业层），每个台班结束，应及时更换司机，严禁塔式起重机司机超时作业。

施工总承包单位应每周对塔式起重机司机、司索工及信号工进行安全教育，并应每月组织产权单位和监理单位对力矩限制器、起升高度限位器等安全装置和主要部件进行检查，安全装置检查时，司机、专职机管员拍照、打印，专职安全员和监理工程师在照片上签字，归档备查。

塔式起重机围护栏上应设置"安装验收信息公示牌"。

司机室应配备灭火器，地板应设防火垫，司机室应张贴产权单位、安拆单位、施工总承包单位、维护保养单位的联系人及电话。

塔式起重机应配备足够的对讲机，每台塔式起重机使用专用指挥频道；高层、超高层施工时，鼓励使用塔式起重机远程实时视频安全监控系统。

群塔作业时，施工总承包单位应对塔式起重机司机及信号指挥进行交底，群塔方案变更后，施工总承包单位需重新对塔式起重机司机及信号指挥进行交底。

塔式起重机停用6个月以上的，复工前，总承包单位应组织安装单位、租赁单位和监理单位等检查验收，合格后方可使用。塔式起重机每使用6个月，相应资质的检测机构跟踪检测一次。雨雪过后，应先经过试吊，确认制动器灵敏可靠后方可进行作业。

塔式起重
机安全管
理要点

第五篇

# SC200/200G型施工升降机

# 第1章  施工升降机结构简图

施工升降机结构简图见图1-1。

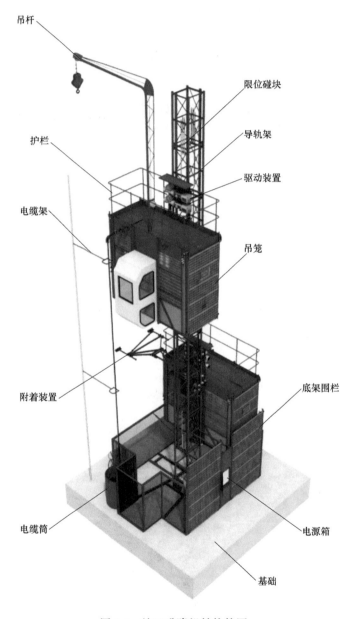

吊杆

限位碰块

护栏

导轨架

驱动装置

电缆架

吊笼

附着装置

底架围栏

电缆筒

电源箱

基础

图1-1  施工升降机结构简图

施工升降机
结构简图

# 第2章 施工升降机主要结构

## 2.1 导 轨 架

说明：

导轨架为桁架结构，主肢采用 φ76 的优质无缝钢管，高 1.508m，每节导轨架装有两根高精度齿条，节与节之间用 4 个专用高强度螺栓联接。根据所建楼层高度可以增加导轨架数量，通过附墙架与建筑物固定，四根主肢作为吊笼上下运动的导轨（图 2-1）。

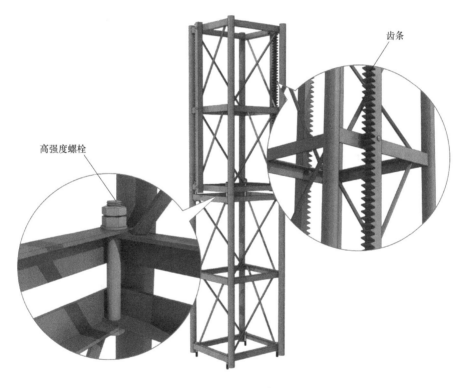

齿条

高强度螺栓

图 2-1　导轨架示例图

## 2.2 驱 动 装 置

说明：

驱动装置采用电机驱动，安装在吊笼顶部，通过驱动齿轮与导轨架上齿条啮合，驱动吊笼上、下运行。驱动系统由电动机、制动器、减速器、驱动齿轮及传动底板组成（图 2-2）。

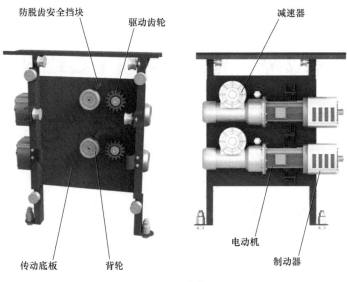

图 2-2　驱动装置

# 2.3　电气系统

说明：

电源箱安装在围栏上，箱内装有总电源开关，总电源开关的上端通过电缆引入电源，其下端通过电缆线向电控箱供电。

电控箱安装在吊笼内，变压器、接触器、继电器等电控元器件安装在电控箱内（图 2-3）。

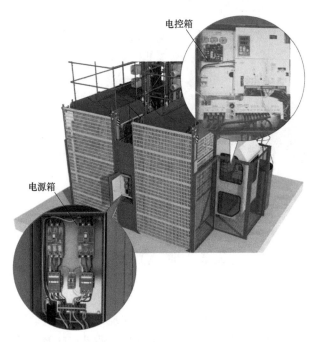

图 2-3　电气系统

## 2.4　限位装置

说明：

上行限位开关碰块应安装在保证吊笼触发限位开关后，留有的上部安全距离不得小于 1.8m。上行极限限位开关碰块应安装在上行限位开关上方不小于 0.15m 处，吊笼顶部距导轨架顶部距离不小于 1.8m。

下行限位碰块的安装位置应保证：在吊笼额定载荷下降时，吊笼触发下行限位开关后距离缓冲弹簧 100mm～150mm。下行极限限位开关的安装位置应保证：吊笼未碰到缓冲弹簧前触发极限开关（图 2-4）。

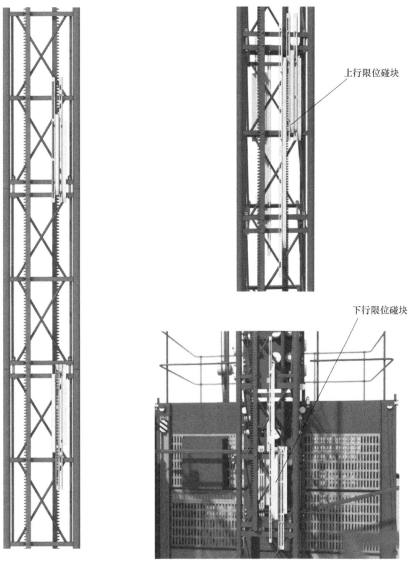

上行限位碰块

下行限位碰块

图 2-4　限位装置

## 2.5 吊　　笼

说明：

吊笼为焊接钢骨架结构，四周采用钢丝网，便于采光，视野清晰。吊笼前后分别设有单、双开吊笼门，吊笼门设有机电联锁装置，保证吊笼升降时吊笼门无法开启；吊笼上设有逃生窗，通过配备的专用梯子可作紧急出口或在顶部进行架设、维修、保养等工作；吊笼顶部还设有吊杆安装孔；为了保证人员的安全，在顶部四周设有防护栏（图 2-5）。

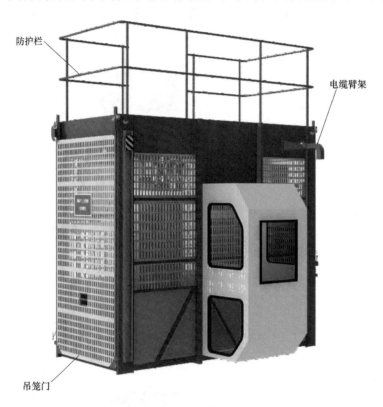

防护栏

电缆臂架

吊笼门

图 2-5　吊笼

## 2.6　地面防护围栏

说明：

主要包括底架和地面防护围栏两部分。

底架由型钢（槽钢）和钢板焊接而成，四周与地面防护围栏相连接，中央部位与导轨架连接。安装时，底架通过地脚螺栓与升降机的混凝土基础锚固在一起。

地面防护围栏由角钢、钢板及钢丝编织网焊接而成，将升降机主机部分包围起来，形成一个封闭区域，使升降机工作时人员不得进入该区域。在防护围栏入口处设有围栏门，门上装有机电联锁装置，保证吊笼升降时围栏门无法开启，开启后无法启动（图 2-6）。

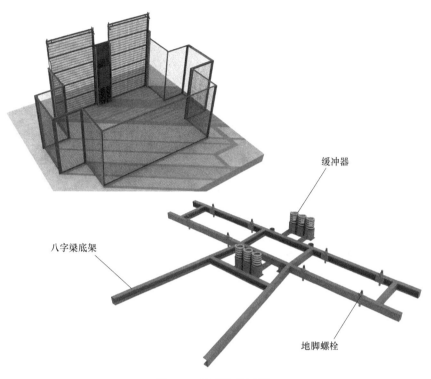

图 2-6　地面防护围栏

## 2.7　电　缆　筒

说明：

电缆筒用来收放主电缆（图 2-7）。

图 2-7　电缆筒

## 2.8　电缆导架、臂架

说明：

　　电缆导架是为了保护电缆而设置的，当施工升降机运行时，保证电缆处于电缆导架的护圈之内，电缆导架可以防止吊笼在运行过程中电缆与附近其他设备缠绕而发生危险。安装电缆导架时，应确保电缆臂架及主电缆能够顺利地穿过电缆导架上的护圈（图2-8）。

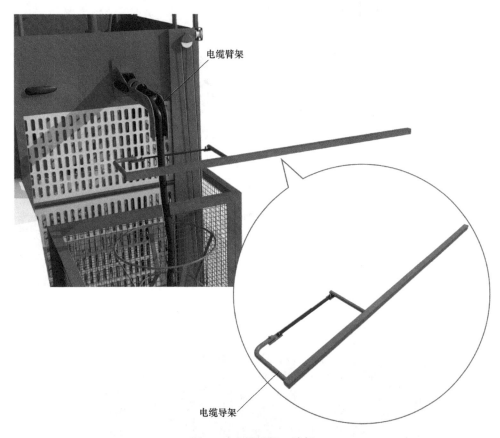

电缆臂架

电缆导架

图 2-8　电缆导架、臂架

## 2.9　附　着　装　置

说明：

　　附着装置用于将导轨架和建筑物固定连接，以保证导轨架的稳定性。附着装置由连接杆、前连接杆、后连接杆、可调中连接杆、附墙支座、调节杆等组成。前连接杆和后连接杆长度可调，便于安装及拆卸。前端通过连接杆连接在导轨架上，后端通过附墙支座固定在建筑物上（图2-9）。

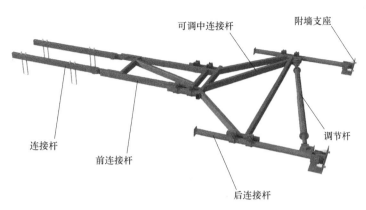

图 2-9　附着装置

## 2.10　吊　　杆

说明：

吊杆安装在吊笼顶上，在安装或拆卸导轨架时，用来起吊导轨架或附着装置等零部件（图 2-10）。

图 2-10　吊杆

# 第3章 施工升降机安全防护装置

## 3.1 防坠安全器

说明：

采用渐进式防坠安全器。当吊笼意外超速下降时，可将吊笼平稳制停在导轨架上，并切断控制电源，确保人员和设备的安全。

防坠安全器应在有效标定期内使用，有效标定期不得超过一年，非专业人员不得擅自打开（图 3-1）。

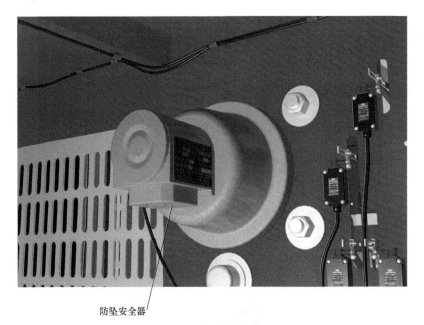

防坠安全器

图 3-1　防坠安全器

## 3.2 限 位 开 关

说明：

上、下限位开关安装在吊笼安全器底板上，当吊笼运行至导轨架上的限位开关碰铁时可自动停车，当吊笼反方向运行时，限位开关自动复位（图 3-2）。

上行限位开关碰铁应安装在保证吊笼触发限位开关后，留有的上部安全距离不得小于1.8m（图 3-3）。

上限位开关

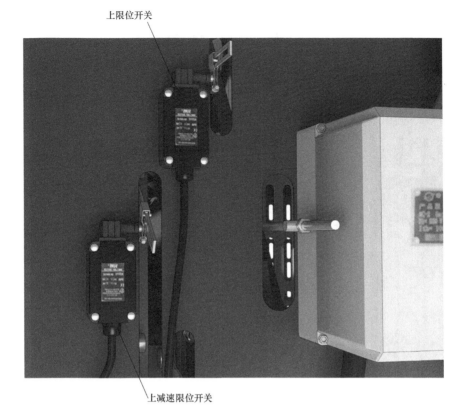

上减速限位开关

图 3-2　上限位开关

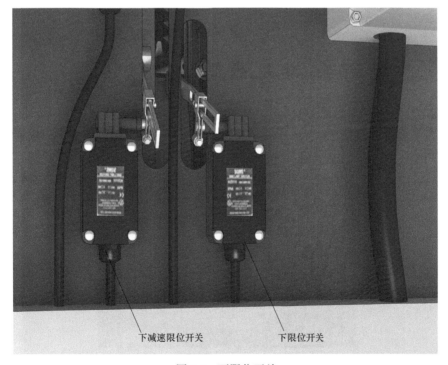

下减速限位开关　　　　　下限位开关

图 3-3　下限位开关

## 3.3  限 位 碰 块

说明:

下行限位碰块的安装位置应保证: 在吊笼额定载荷下降时, 吊笼触发下行限位开关后距离缓冲弹簧100mm~150mm (图3-4、图3-5)。

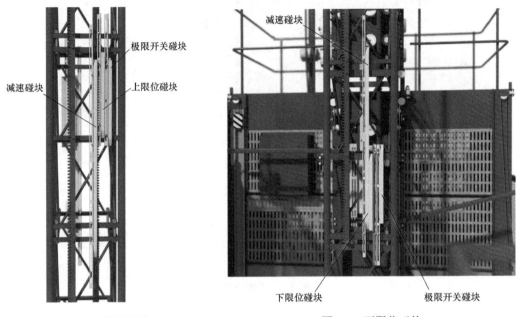

图3-4  上限位碰块                    图3-5  下限位碰块

## 3.4  极 限 开 关

说明:

极限开关应为非自动复位型, 动作时能切断总电源, 动作后须手动复位才能使吊笼启动 (图3-6)。

图3-6  极限开关

## 3.5　安　全　钩

说明：

安全钩能防止吊笼脱离导轨架（图 3-7）。

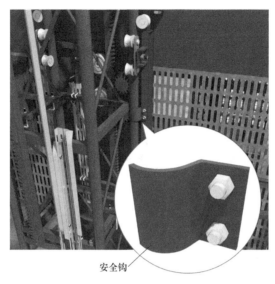

安全钩

图 3-7　安全钩

## 3.6　重量限制器

说明：

重量限制器位于吊笼顶部，实现吊载 90％预警、超载 110％切断控制电路（图 3-8）。

图 3-8　重量限制器

# 第4章 施工升降机电控系统

## 4.1 电源箱

电源箱见图 4-1。

图 4-1 电源箱

# 4.2　电　控　箱

电控箱见图 4-2。

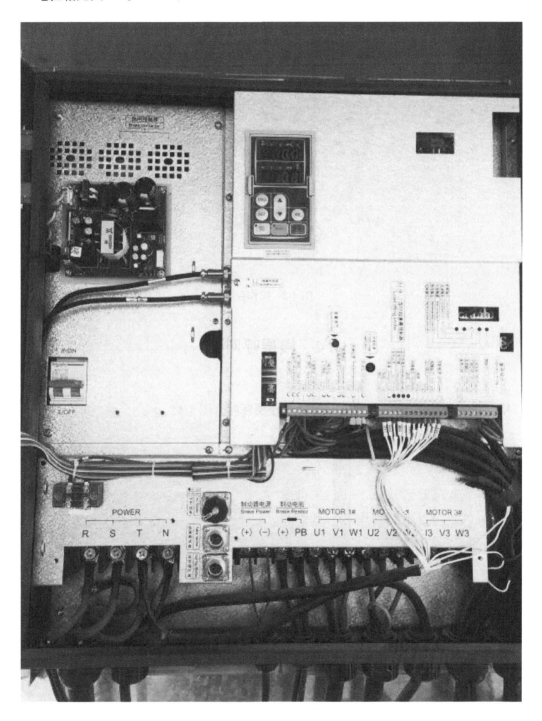

图 4-2　电控箱

## 4.3 操 作 台

说明:

应在便于操作处装设非自行复位的急停开关（图 4-3）。

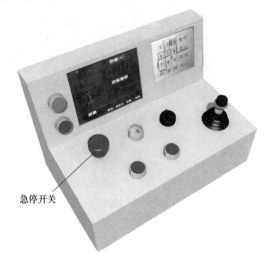

图 4-3 操作台

## 4.4 楼层呼叫器

说明:

楼层呼叫器用于建筑施工的施工升降机楼层呼叫（图 4-4）。

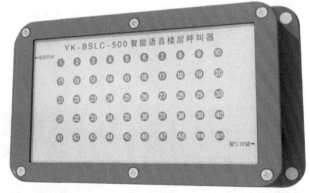

图 4-4 楼层呼叫器

# 第5章 施工升降机安装准备

## 5.1 现 场 准 备

说明：

（1）施工升降机安装单位应有相应资质。安装前应签订安拆合同及安全协议书，明确双方的安全生产责任。同时根据施工现场情况编制安装专项施工方案及应急救援预案，并向有关主管部门进行安装告知。

（2）根据安装施工升降机的要求选用合适的辅助起重设备，配备必要的安装工具、索具及测量仪器，并准备若干1mm～3mm铁垫片用来调整基础水平度。

（3）安装人员应持证上岗，并佩戴个人安全防护用品。根据安装作业现场情况设置警戒区域。雷雨天、雪天、大雾或风速超过9m/s的恶劣天气，不得进行安装作业。

（4）安装作业前，安装单位应做好安装前的检查工作，并填写《安装前检查记录表》，同时对安装作业人员进行交底，技术负责人应当定期巡查。

安拆人员进行技术交底（图5-1）。

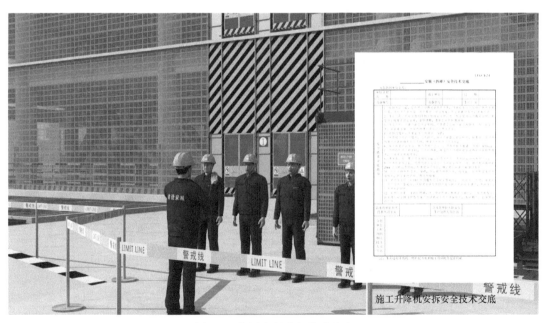

图5-1 安拆人员进行技术交底

安拆人员应正确佩戴安全防护用品（图5-2）。

填写转场自检表、基础验收表（图5-3）。

设置警戒区域（图 5-5）。

图 5-2　安拆人员应正确佩戴安全防护用品　　　　图 5-3　填写转场自检表、基础验收表

辅助起重设备到位（图 5-4），安装工具准备齐全（图 5-6）；准备测量仪器（图 5-7）；准备吊具索具（图 5-8）；准备铁垫片（图 5-9）。

图 5-4　辅助起重设备　　　　　　　　　　图 5-5　设置警戒区域

图 5-6　安装工具

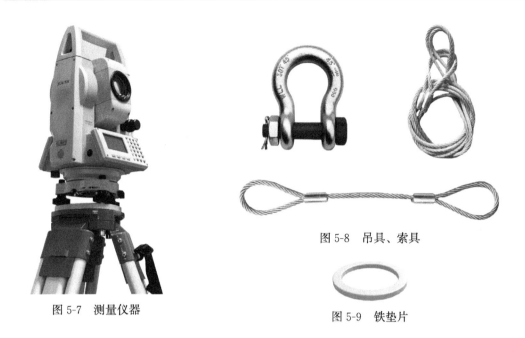

图 5-8　吊具、索具

图 5-7　测量仪器

图 5-9　铁垫片

# 5.2　准 备 资 料

准备的资料见图 5-10～图 5-25。

图 5-10　施工升降机备案证

图 5-11　施工升降机制造许可证

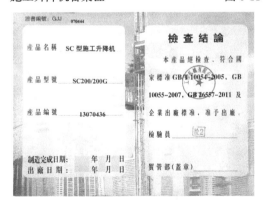

图 5-12　施工升降机合格证

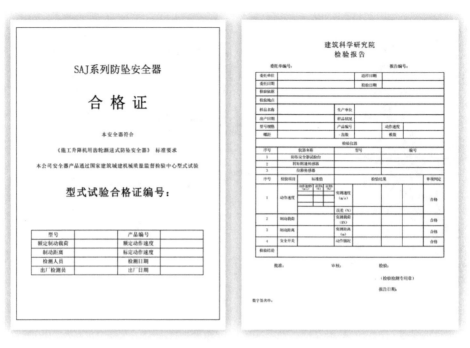

图 5-13　施工升降机安全防坠器有效标定证明

图 5-14　安装单位资质证书

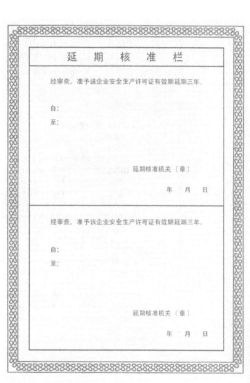

图 5-15 安装单位安全生产许可证

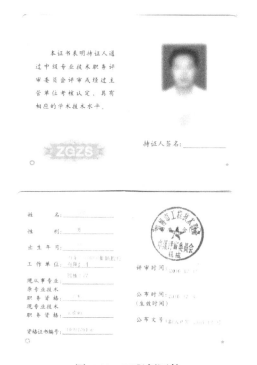

图 5-16 工程师证件

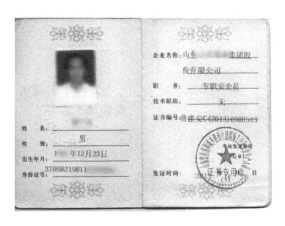

图 5-17 安全员证件

图 5-18 施工升降机安装拆卸工证件

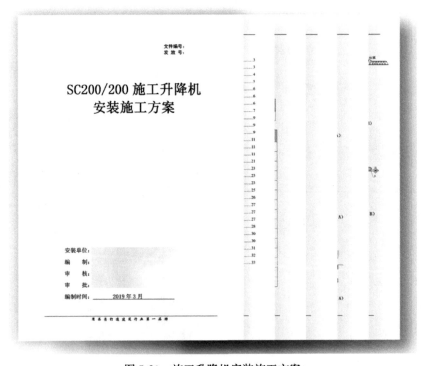

图 5-19　施工升降机安全协议书

图 5-20　施工升降机安装施工方案

图 5-21　施工升降机安装方案审批表

施工升降机安装方案审批表

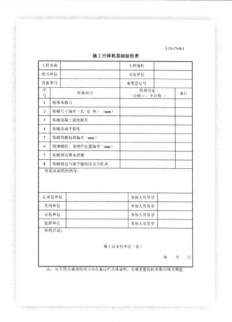

图 5-22　施工升降机基础验收表

施工升降机基础验收表

图 5-23　施工升降机转场自检表

图 5-24　施工升降机安拆安全技术交底

施工升降机转场自检表

施工升降机安拆安全技术交底

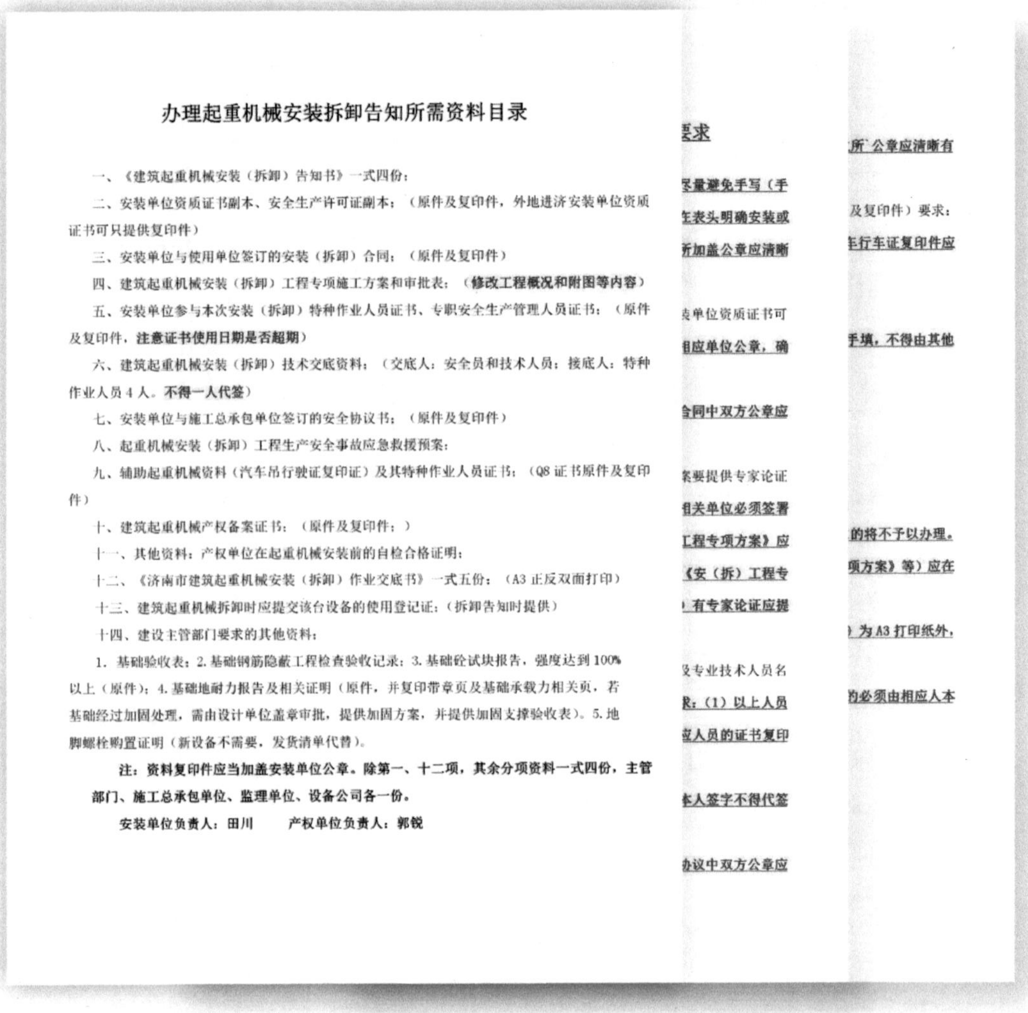

## 办理起重机械安装拆卸告知所需资料目录

一、《建筑起重机械安装（拆卸）告知书》一式四份；

二、安装单位资质证书副本、安全生产许可证副本；（原件及复印件，外地进济安装单位资质证书可只提供复印件）

三、安装单位与使用单位签订的安装（拆卸）合同；（原件及复印件）

四、建筑起重机械安装（拆卸）工程专项施工方案和审批表；（修改工程概况和附图等内容）

五、安装单位参与本次安装（拆卸）特种作业人员证书、专职安全生产管理人员证书；（原件及复印件，注意证书使用日期是否超期）

六、建筑起重机械安装（拆卸）技术交底资料；（交底人：安全员和技术人员；接底人：特种作业人员 4 人。不得一人代签）

七、安装单位与施工总承包单位签订的安全协议书；（原件及复印件）

八、起重机械安装（拆卸）工程生产安全事故应急救援预案；

九、辅助起重机械资料（汽车吊行驶证复印证）及其特种作业人员证书；（Q8 证书原件及复印件）

十、建筑起重机械产权备案证书；（原件及复印件；）

十一、其他资料：产权单位在起重机械安装前的自检合格证明；

十二、《济南市建筑起重机械安装（拆卸）作业交底书》一式五份；（A3 正反双面打印）

十三、建筑起重机械拆卸时应提交该台设备的使用登记证；（拆卸告知时提供）

十四、建设主管部门要求的其他资料：

1.基础验收表；2.基础钢筋隐蔽工程检查验收记录；3.基础砼试块报告，强度达到100%以上（原件）；4.基础地耐力报告及相关证明（原件，并复印带章页及基础承载力相关页，若基础经过加固处理，需由设计单位盖章审批，提供加固方案，并提供加固支撑验收表）。5.地脚螺栓购置证明（新设备不需要，发货清单代替）。

注：资料复印件应当加盖安装单位公章。除第一、十二项，其余分项资料一式四份，主管部门、施工总承包单位、监理单位、设备公司各一份。

安装单位负责人：田川　　产权单位负责人：郭锐

图 5-25　安装告知资料

# 第6章 施工升降机安装

## 6.1 基 础 施 工

（1）施工升降机地基、基础应满足使用说明书的要求必须设置有效的排水措施（图6-1）。

（2）对基础设置在地下室顶板、楼面或其他下部悬空结构上的施工升降机，应对基础支撑结构进行承载力验算并出具专项施工方案（图6-2）。

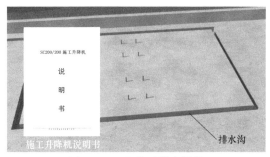

图6-1 地基设置排水措施

图6-2 承载力验算

（3）如不能满足要求，按照专项施工方案施工。对施工升降基础部位进行顶撑。必要时要连续搭设，直到地下室底板为止（图6-3）。

（4）基础设置在回填土上的，回填时应按如下要求：三七灰土30cm一层，分层夯实承载力满足说明书要求（图6-4）。

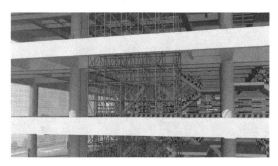

图6-3 施工升降基础部位顶撑

图6-4 基础设置在回填土上

## 6.2 底架、围栏和吊笼安装

（1）将底架安装在基础上（图6-5）。

基础施工

（2）安装 3 节标准节（最下面 1 节没有齿条）（图 6-6）。

图 6-5　底架安装

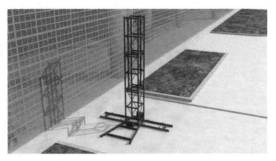
图 6-6　安装标准节

（3）连接螺栓预紧力矩应符合说明书要求，用经纬仪或铅坠测量导轨架的垂直度，保证其垂直度公差值小于导轨架高度的 1/1000（图 6-7）。

（4）安装地面防护围栏（图 6-8）。

图 6-7　测量导轨架的垂直度

图 6-8　地面防护围栏

（5）将吊笼用起重设备吊装就位于导轨架上（吊装前将重量限制器安装于吊笼顶部）（图 6-9）。

（6）吊笼底部应放至缓冲器上（图 6-10）。

图 6-9　吊笼吊装就位于导轨架上

图 6-10　吊笼底部放至缓冲器上

（7）松开驱动装置电动机尾部的制动器，并用垫块垫实（图 6-11）。

（8）用起重设备吊装驱动机构从导轨架上方与吊笼、重量限制器连接就位（图 6-12）。

（9）就位后将制动器复位（图 6-13）。

（10）吊笼底部松开传动底板上的滚轮螺母（图 6-14）。

图 6-11　松开尾部制动器

图 6-12　吊装驱动机构

图 6-13　制动器复位

图 6-14　松开滚轮螺母

（11）转动偏心轮调整各滚轮与导轨架立柱的间隙，调整后锁紧，各滚轮与导轨架立柱的间隙为 0.2mm～0.5mm（图 6-15）。

（12）安装完毕后，齿轮与齿条的侧向间隙为 0.2mm～0.3mm，背轮与齿条背面的间隙为 0.5mm（图 6-16）。

图 6-15　滚轮与导轨架立柱的间隙

图 6-16　齿轮与齿条的间隙

## 6.3　电缆及电气装置的安装检查

底架、围栏和
吊装安装

（1）电缆安装：将工作电缆一端通过电缆臂架引到吊笼内接入电控箱；将供电电缆从施工升降机电源箱内的总电源开关接入现场供电箱（图 6-17）。

（2）电气装置的检查：施工升降机结构、电机和电气设备的金属外壳均应接地，接地电阻不得大于 4Ω（图 6-18）。

图 6-17　电缆安装

图 6-18　电气装置的检查

（3）用兆欧表测量电动机及电气元件，对地绝缘电阻不得小于 0.5MΩ（图 6-19）。

（4）校核电动机接线，吊笼上下运行方向应与操作人员室操纵台和笼顶操纵台所标一致（图 6-20）。

图 6-19　兆欧表测量电动机

图 6-20　校核电动机接线

（5）检查各门限位开关（图 6-21）。

（6）检查各门机电联锁（图 6-22）。

图 6-21　检查限位开关

图 6-22　检查机电联锁

（7）上下限位开关（图 6-23）。

（8）极限开关，每次触动吊笼应不能运行（图 6-24）。

（9）电气检查完毕后，施工升降机方可进入后续安装工作（图 6-25）。

图 6-23 上下限位开关

图 6-24 极限开关

图 6-25 电气检查

电缆及电气装置的安装检查

## 6.4 吊 杆 安 装

（1）将推力轴承加润滑油装在吊杆底部（图 6-26）。

（2）将吊杆放入吊笼顶部安装孔内（图 6-27）。

推力轴承

图 6-26 吊杆底部加润滑油

图 6-27 吊杆放入孔内

（3）吊笼内将向心轴承安装在安装孔内（图 6-28）。

（4）加压垫用螺栓固定（图 6-29）。

（5）当不使用时，应将吊杆拆下妥善保管（图 6-30）。

图 6-28　向心轴承安装在孔内

图 6-29　加压垫用螺栓固定

吊杆安装

图 6-30　吊杆拆下保管

## 6.5　导轨架的安装

（1）将标准节立柱两端头及齿条连接处擦拭干净并加少量润滑油（图 6-31）。

（2）然后将吊杆吊钩放至地面，用吊具挂牢标准节（图 6-32）。

图 6-31　连接处加少量润滑油

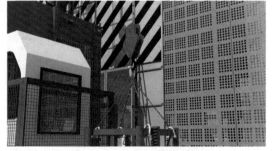

图 6-32　吊具挂牢标准节

（3）开动吊杆卷扬机，将标准节吊至笼顶放稳（图 6-33）。

（4）启动施工升降机（图 6-34）。

（5）当吊笼运行至接近导轨架顶部时，应点动运行至驱动机构顶部距导轨架 0.7m 时停止（图 6-35）。

（6）用吊杆吊起标准节对准导轨架上端的立管（图 6-36）。

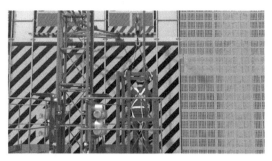

图 6-33　标准节吊至笼顶

图 6-34　启动施工升降机

图 6-35　点动运行至驱动机构顶部

图 6-36　对准导轨架

（7）对准齿条上的销孔放稳，螺栓固定后去吊具（图 6-37）。

（8）施工升降机的标准节应采用双螺母紧固，采取螺杆在下、螺母在上的方式安装（图 6-38）。

图 6-37　螺栓固定后去吊具

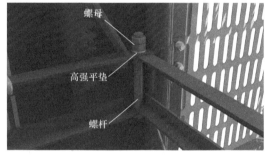

图 6-38　双螺母紧固

（9）最顶端的 1 节标准节应去掉齿条，以醒目颜色区分（图 6-39）。

图 6-39　去掉齿条

导轨架的安装

# 6.6　附着装置的安装

附着装置
的安装

（1）附着架支撑座与建筑物的联接强度不得小于说明书中要求（图 6-40）。

（2）将连接杆用 U 形螺栓与导轨架连接（图 6-41）。

图 6-40　联接强度

图 6-41　连接杆与导轨架连接

（3）将附墙支座用螺栓固定在建筑物上（图 6-42）。

（4）用吊杆吊起连接杆、可调中连接杆、调节杆（组合为一体），将其安装于建筑物和导轨架之间（图 6-43）。

图 6-62　附墙支座用螺栓固定

图 6-43　将附着装置安装于建筑物和导轨架之间

（5）调整后支撑架校正导轨架的垂直度，调整完后将扣件紧固（图 6-44）。

（6）第一道附着装置距离基础上平面的距离、附着间距严格按照使用说明书要求（图 6-45）。

图 6-44　调整支撑架的垂直度

图 6-45　附着间距严格按照使用说明书要求

## 6.7　限位装置的安装

（1）非屋面施工期间上限位开关碰块必须安装在最顶附墙架以下（图 6-46）。

（2）上极限开关碰块应安装在上限位开关碰块上方的 150mm 处（图 6-47）。

图 6-46　开关碰块安装在最顶附墙架以下

图 6-47　上极限开关碰块安装

（3）吊笼触发下限位开关后距离缓冲弹簧 100mm～150mm（图 6-48）。

（4）下极限开关的安装位置应保证吊笼未碰到缓冲弹簧前触发极限开关（图 6-49）。

图 6-48　吊笼触发下限位开关

图 6-49　下极限开关的安装位置

限位装置
的安装

# 第7章 施工升降机检查、验收

## 7.1 安 装 验 收

施工升降机检查、验收需准备施工升降机安装自检表（图7-1）、施工升降机第三方检验报告（图7-2）、施工升降机联合验收表（图7-3）、施工升降机使用登记证书（图7-4）。

**建筑施工起重机械（施工升降机）安装自检表**

| 工程名称 | | | 工程地址 | | | |
|---|---|---|---|---|---|---|
| 安装单位 | | | 安装资质等级 | | | |
| 设备型号 | | SC200 | 备案登记号 | | | |
| 制造单位 | | | 使用单位 | | | |
| 安装日期 | | | 初始安装高度 | | 最高安装高度 | |
| 检查结果代号说明 | | √=合格　○=整改后合格　×=不合格　无=无此项 | | | | |
| 名称 | 序号 | 检查项目 | 要求 | | 检查结果 | 备注 |
| 资料检查 | 1 | 基础验收表和隐蔽工程验收单 | 应齐全 | | | |
| | 2 | 安装方案、安全交底记录 | 应齐全 | | | |
| | 3 | 转场保养作业单 | 应齐全 | | | |
| 标志 | 4 | 统一编号牌 | 应设置在规定位置 | | | |
| | 5 | 警示标志 | 吊笼内应有安全操作规程、操纵按钮及其他危险处应有醒目的警示标志、施工升降机应设限载和楼层标志 | | | |
| 基础和围护设施 | 6 | 地面防护围栏门联锁保护装置 | 应装机电联锁装置。吊笼位于底部规定位置时，地面防护围栏门才能打开、地面防护围栏门开启后吊笼不能启动 | | | |
| | 7 | 地面防护围栏 | 基础上吊笼和对重升降通道周围应设置地面防护围栏，高度≥1.8m | | | |
| | 8 | 安全防护区 | 当施工升降机基础下方有施工作业区时，应加设对重坠落伤人的安全防护区及其安全防护措施 | | | |
| 金属结构件 | 9 | 金属结构件外观 | 无明显变形、脱焊、开裂和锈蚀 | | | |
| | 10 | 螺栓 | 紧固件安装准确、紧固可靠 | | | |
| | 11 | 销轴 | 销轴连接定位可靠 | | | |
| | 12 | 导轨架垂直度 | 架设高度h(m) | 垂直度偏差（mm） | | |
| | | | h≤70 | ≤(1/1000)h | | |
| | | | 70<h≤100 | ≤70 | | |
| | | | 100<h≤150 | ≤90 | | |
| | | | 150<h≤200 | ≤110 | | |
| | | | h>200 | ≤130 | | |
| | | | 对钢丝绳式施工升降机垂直度偏差应≤(1.5/1000)h | | | |
| 吊笼 | 13 | 紧急逃离门 | 吊笼顶部应有紧急出口，装有向外开启的活动板门，并配有专用扶梯，活动板门应设有安全开关，当打开时，吊笼不能启动 | | | |
| | 14 | 吊笼顶部护栏 | 吊笼顶部周围应设置护栏，高度≥1.05m | | | |

图7-1　施工升降机安装自检表

施工升降机
安装自检表

施工升降机检验报告

报告编号：

# 施工升降机检验报告

工　程　名　称　：_____

施　工　单　位　：_____

监　理　单　位　：_____

安　装　单　位　：_____

设　备　型　号　：_____

制　造　单　位　：_____

检　验　日　期　：_____

检验单位：

图 7-2　施工升降机第三方检验报告

施工升降机
第三方检验
报告

**施工升降机安装验收表**

| 工程名称 | | 工程地址 | |
|---|---|---|---|
| 设备型号 | | 备案登记号 | |
| 设备生产厂 | | 出厂编号 | |
| 出厂日期 | | 安装高度 | |
| 安装负责人 | | 安装日期 | |

检查结果代号说明：√=合格　○=整改后合格　×=不合格　无=无此项

| 检查项目 | 序号 | 内容和要求 | 检查结果 | 备注 |
|---|---|---|---|---|
| 主要部件 | 1 | 导轨架、附墙架连接安装齐全、牢固, 位置正确 | | |
| | 2 | 螺栓拧紧力矩达到技术要求, 开口销完全插开 | | |
| | 3 | 导轨架安装垂直度满足要求 | | |
| | 4 | 结构件无变形、开焊、裂纹 | | |
| | 5 | 对重导轨符合使用说明书要求 | | |
| 转动系统 | 6 | 钢丝绳绳径正确, 未达到报废标准 | | |
| | 7 | 钢丝绳固定绳结符合标准要求 | | |
| | 8 | 各部位滑轮转动灵活、可靠, 无卡阻现象 | | |
| | 9 | 齿条、齿轮、曳引绳符合标准要求、保障装置可靠 | | |
| | 10 | 各机构转动平稳、无异常响声 | | |
| | 11 | 各润滑点润滑良好、润滑油牌号正确 | | |
| | 12 | 制动器、离合器动作灵活 | | |
| 电气系统 | 13 | 供电系统正常, 额定电压偏差≤±5% | | |
| | 14 | 绝缘器、继电器接触良好 | | |
| | 15 | 仪表、照明、报警系统完好可靠 | | |
| | 16 | 控制、操纵装置动作灵活、可靠 | | |
| | 17 | 各种电气安全保护装置齐全、可靠 | | |
| | 18 | 电气系统对导轨架的绝缘电阻应≥0.5MΩ | | |
| | 19 | 接地电阻应≤4Ω | | |

施工升降机安装验收表续表

| 检查项目 | 序号 | 内容和要求 | 检查结果 | 备注 |
|---|---|---|---|---|
| 安全系统 | 20 | 防坠安全器在有效标定期限内 | | |
| | 21 | 防坠安全器灵敏可靠 | | |
| | 22 | 超载保护装置灵敏可靠 | | |
| | 23 | 上、下限位开关灵敏可靠 | | |
| | 24 | 上、下极限开关灵敏可靠 | | |
| | 25 | 急停开关灵敏可靠 | | |
| | 26 | 安全钩完好 | | |
| | 27 | 额定载重量标牌牢固清晰 | | |
| | 28 | 地面防护围栏门、吊笼门机电联锁灵敏可靠 | | |
| 停层平台 | 29 | 停层平台门高度及强度符合要求, 且用硬质材料封闭, 达到工具化、标准化要求 | | |
| 试运行 | 30 | 空载 | | 双吊笼施工升降机应分别对两个吊笼进行试运, 试运行中格笼应起动、制动平稳, 无异常现象 |
| | 31 | 额定载重量 | | |
| | 32 | 125%额定载重量 | | |
| 坠落试验 | 33 | 吊笼制动后, 结构及连接件应无任何损坏或永久变形, 且制动距离应符合要求 | | |

验收结论：

| 总承包单位（盖章） | | 验收日期 | 年 月 日 |
|---|---|---|---|
| 总承包单位 | | 参加人员签字 | |
| 使用单位 | | 参加人员签字 | |
| 安装单位 | | 参加人员签字 | |
| 监理单位 | | 参加人员签字 | |
| 产权单位 | | 参加人员签字 | |

注：1、新安装的施工升降机及在用的施工升降机应至少每 3 个月进行一次额定载重量的坠落试验；新安装及大修后的施工升降机应作 125%额定载重量试运行。
2、对不符合要求的项目应在备注栏具体说明, 对要求量化的参数应填实测值。

图 7-3　施工升降机联合验收表

　　施工升降机械安装完毕后，使用单位应当组织产权单位、监理单位、安装单位等有关单位进行验收，或者委托具有相应资质的检验检测机构进行验收，并填写相应的验收记录，由相关责任人签字。未经验收或验收不合格的不得使用。

　　实行总承包的，由施工总承包单位组织验收。

施工升降机联合验收

# 建筑起重机械使用登记证书

编号：

| 起重机械名称 | | 规格型号 | |
|---|---|---|---|
| 出厂日期 | | 生产厂家 | |
| 产权备案编号 | | 出厂编号 | |
| 使用工程名称 | | 使用单位 | |
| 产权单位 | | 安装单位 | |
| 检验检测机构 | | 检验报告编号 | |
| 设备有效使用时间 | | | |

安装编号：

发证机关：

发证时间：

注：1、本使用登记证书一式两份, 一份使用单位存档, 一份覆膜后张贴在设备底部结构体外侧；
2、本使用登记证在安装单位办理建筑起重机械拆卸告知手续的同时自动注销；
3、设备达到使用年限后, 此证自动注销

施工升降机使用登记证书

图 7-4　施工升降机使用登记证书

（1）施工升降机安装完毕且经调试后，安装单位应根据《施工升降机安装自检表》及使用说明书的有关要求对安装质量进行自检，并应向使用单位进行安全使用说明（图 7-5）。

（2）安装单位自检合格后，应经有相应资质的检验检测机构监督检验（图 7-6）。

图 7-5　安装调试后应进行自检

图 7-6　自检后交由检验检测机构监督检查

（3）施工升降机安装验收应按《施工升降机安装验收表》进行（图 7-7）。

（4）严禁使用未经验收或验收不合格的施工升降机（图 7-8）。

图 7-7　安装验收应按要求进行

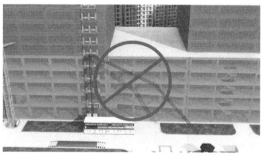

图 7-8　严禁使用不合格的施工升降机

（5）使用单位应自施工升降机安装验收合格之日起 30 日内，携带施工升降机安装验收资料、施工升降机安全管理制度、特种作业人员名单等，向工程所在地县级以上建设行政主管部门办理使用登记备案（图 7-9）。

（6）安装自检表、检测报告和验收记录等应纳入设备档案（图 7-10）。

施工升降机
自检、验收

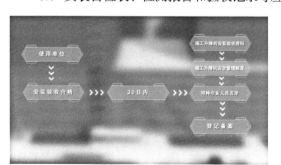

图 7-9　使用单位应向上级管理部门
进行登记备案

图 7-10　各类文件应纳入设备档案

# 7.2　检　　查

施工升降机每日使用前应该查看检查表（图 7-11）。施工升降机每月都应填写检查表
（图 7-12）。

LJA-C9-8-5

**施工升降机每日使用前检查表**

| 工程名称 | | 工程地址 | |
|---|---|---|---|
| 使用单位 | | 设备型号 | |
| 租赁单位 | | 备案登记号 | |
| 检查日期 | | 年月日时分 | |
| 检查结果代号说明 | √=合格　○=整改后合格　×=不合格　无=无此项 | | |

| 序号 | 检查项目 | 检查结果 | 备注 |
|---|---|---|---|
| 1 | 外电源箱总开关、总接触器正常 | | |
| 2 | 地面防护围栏门及机电联锁正常 | | |
| 3 | 吊笼、吊笼门和机电联锁操作正常 | | |
| 4 | 吊笼顶紧急逃离门正常 | | |
| 5 | 吊笼及对重通道无障碍物 | | |
| 6 | 钢丝绳连接、固定情况正常，各曳引钢丝绳松紧一致 | | |
| 7 | 导轨架连接螺栓无松动、缺失 | | |
| 8 | 导轨架及附墙架无异常移动 | | |
| 9 | 齿轮、齿条啮合正常 | | |
| 10 | 上、下限位开关正常 | | |
| 11 | 极限限位开关正常 | | |
| 12 | 电缆导向架正常 | | |
| 13 | 制动器正常 | | |
| 14 | 电机和变速箱无异常发热及噪声 | | |
| 15 | 急停开关正常 | | |
| 16 | 润滑油无泄漏 | | |
| 17 | 警报系统正常 | | |
| 18 | 地面防护围栏内及吊笼顶无杂物 | | |

| 发现问题 | 维修详情 |
|---|---|
| | |

司机（签字）：

图 7-11　施工升降机每日使用前检查表

施工升降机
每日使用
前检查表

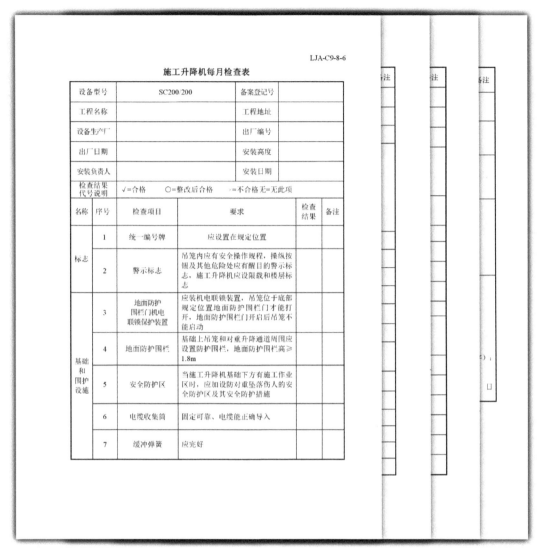

图 7-12　施工升降机每月检查表

（1）验收齿轮齿条啮合时，应注意齿条应有 90％以上的计算宽度参与啮合，且与齿轮的啮合侧隙应为 0.2mm～0.5mm（图 7-13）。

（2）滚轮与导轨间隙应 0.3mm～0.5mm（图 7-14）。

（3）每个齿轮对应的齿条背面，应设置防脱齿安全挡块，防脱齿安全挡块与齿轮、齿条的间隙不应超过 3mm（图 7-15）。

（4）严禁滚轮、背轮、齿轮间隙过大或过小或脱落（图 7-16）。

（5）专职机管员、专职安全员、监理工程师和操作人员应每日检查防脱齿安全挡块、背轮、滚轮、螺栓螺母是否缺失、齿轮齿条啮合情况，以及驱动单元和吊笼上的安全挂钩完好情况（图 7-17）。

（6）专职机管员对检查结果拍照、打印，专职安全员、监理工程师和操作人员在照片上签字（图 7-18）。

施工升降机
每月检查表

图 7-13　验收齿轮、齿条啮合应符合标准

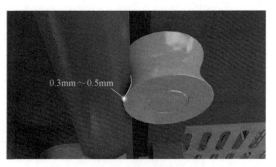

图 7-14　滚轮与导轨间隙应符合标准

图 7-15　齿轮对应齿条背面应设置防
脱齿安全挡块

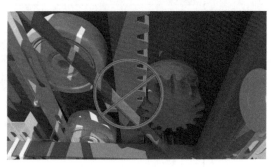

图 7-16　严禁滚轮、背轮、齿轮间隙过
大或过小或脱落

图 7-17　相关人员应每日检查升降机完好情况

图 7-18　相关人员应在相应照片上签字

（7）资料归档备查（图 7-19）。

图 7-19　资料归档备查

齿轮、齿条
齿合检查

# 第 8 章 施工升降机坠落实验

## 8.1 坠落实验操作步骤

切断主电源（图 8-1）。

将地面控制按钮盒上电缆接到吊笼电气箱内标有"坠落实验"的接线盒上（图 8-2）。

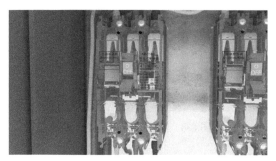

图 8-1 切断主电源

图 8-2 连接地面控制按钮盒内"坠落实验"

将地面控制按钮盒上的控制电缆理顺，防止吊笼升降时被卡住，导致电缆被拉断（图 8-3）。

吊笼装上额定载荷（图 8-4）。

图 8-3 理顺地面控制电缆

图 8-4 吊笼装上额定载荷

接通主开关，按下地面控制按钮盒上的"向上"按钮（图 8-5）。

吊笼升高约 10m（图 8-6）。

按下标有"向下"符号的按钮，不要松手（图 8-7）。

电机上的制动器松闸（图 8-8）。

吊笼即向下坠落，当达到防坠安全器标定速度时，防坠安全器动作（图 8-9）。

吊笼制动在导轨架上（图 8-10）。

图 8-5　接通电源按下"向上"按钮

图 8-6　吊笼升高约 10m

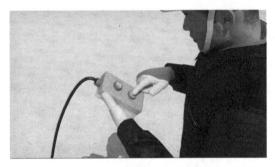

图 8-7　按下"向下"按钮

图 8-8　电机上的制动器松闸

图 8-9　吊笼下坠达到标定速度启动防坠安全器

图 8-10　吊笼制动在导轨架上

正常情况下，从防坠安全器开始动作到吊笼被制停为止，吊笼在导轨架上制动距离应为 0.25m～1.2m（图 8-11）。

切断电源，将防坠安全器复位（图 8-12）。

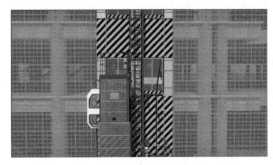

图 8-11　吊笼在导轨架上制动距离

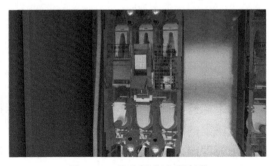

图 8-12　将防坠安全器复位

图 8-13　开关转到正常工作状态

拆下实验电缆，将开关转到正常工作状态（图 8-13）。

说明：

坠落实验操作步骤：

（1）切断主电源，将地面控制按钮盒上电缆接到吊笼电气箱内标有"坠落实验"的接线盒上。

（2）将地面控制按钮盒上的控制电缆理顺，防止吊笼升降时被卡住，导致电缆被拉断。

（3）吊笼装上额定载荷后，接通主开关，按下地面控制按钮盒上的"向上"按钮，使吊笼升高约 10m。

（4）按下标有"向下"符号的按钮，不要松手，此时电机上的制动器松闸，吊笼即向下坠落，当达到防坠安全器标定速度时，防坠安全器动作，从而使吊笼制动在导轨架上。

（5）正常情况下，从防坠安全器开始动作到吊笼被制停为止，吊笼在导轨架上制动距离应为 0.25m～1.2m。

（6）切断电源，将防坠安全器复位。

（7）拆下实验电缆，将开关转到正常工作状态。

坠落实验
操作步骤

## 8.2　防坠安全器复位步骤

说明：

（1）旋出螺钉①，拆掉尾盖②，取下螺钉③，用专用工具⑤和手柄④旋出螺母⑦，直至指示销⑥的尾部和安全器外壳面平齐，这时微动开关应处于接通状态。

（2）安装螺钉③和尾盖②，拧下罩盖⑨，用手尽量拧紧螺栓⑧，使制动器轴回到原来位置，装上罩盖⑨。

接通主电源，驱动吊笼向上 200mm 以上，使离心块复位，吊笼可正常运行（图 8-14）。

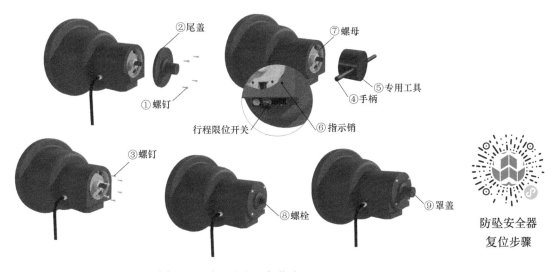

防坠安全器
复位步骤

图 8-14　防坠安全器复位步骤

# 第9章　施工升降机的使用

## 9.1　使用前准备工作

（1）施工升降机的使用必须有严格的特种设备安全管理制度，并由专人负责监管（图9-1）。

（2）操作人员应经专业培训机构培训，取得特种作业人员资格证书，严禁无证上岗。每台施工升降机至少配备2名操作人员（图9-2）。

图9-1　严格按照施工升降机安全管理制度

图9-2　操作人员应持证上岗

（3）使用单位应对操作人员进行书面安全技术交底（图 9-3）。

图 9-3　使用前应进行安全技术交底

（4）操作人员必须认真阅读交接班记录，接班后要仔细检查设备，发现问题及时处理（图 9-4）。

（5）检查传动机构、制动器及各结构件连接件情况（图 9-5）。

图 9-4　操作人员应认真阅读交接班记录　　　图 9-5　检查各结构连接件的情况

（6）启动前，操作人员应先确认吊笼门、围栏门、卸料平台门、停靠楼层的防护门均已关闭后方可启动（图 9-6）。

图 9-6　操作人员应确认安全后方可启动

（7）每班作业前应进行空载试降运行（图 9-7）。

（8）施工升降机在每班首次载重运行时，当吊笼升离地面 1m～2m 时，应停机检验制动器的可靠性（图 9-8）。

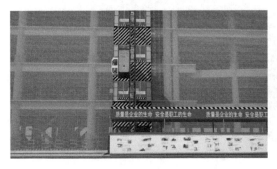

图 9-7　作业前应进行空载试降运行

图 9-8　首次载重应停机检验制动器的可靠性

（9）操作人员必须集中精力操作设备，不得看手机，不得违章作业，严禁酒后操作（图 9-9）。

（10）一年一标定，5 年报废。严禁施工升降机使用超过有效标定期的防坠安全器（图 9-10）。

图 9-9　操作人员应集中精力操作设备

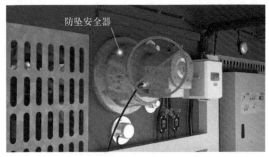

图 9-10　严禁使用超过有效标定期的防坠安全器

操作人员必须遵守安全操作规程和电梯"十不开"的有关规定：

说明：

（1）操作人员未经培训合格取证不开（图 9-11）；

（2）吊笼内超过限载人数和额定重量时不开（实验时除外）（图 9-12）；

（3）安装完毕，顶升加节后未验收合格完毕不开（图 9-13）；

（4）安全装置失效不开（图 9-14）；

（5）施工升降机故障未排除不开（图 9-15）；

（6）运送危险物品无防护措施不开（图 9-16）；

（7）吊笼限速器达到标定时间未标定或动作后未复位不开（图 9-17）；

（8）吊笼门和围栏门锁失效，吊笼门、楼层门关闭不到位不开（图 9-18、图 9-19）；

（9）吊笼运行通道内有障碍物不开（图 9-20）；

（10）货物体积大，在影响吊笼门的开和关时不开（图 9-21）。

使用前准备
工作

图 9-11  十不开 1

图 9-12  十不开 2

图 9-13  十不开 3

图 9-14  十不开 4

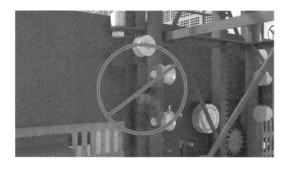

图 9-15  十不开 5

图 9-16  十不开 6

图 9-17  十不开 7

图 9-18  十不开 8（一）

图 9-19　十不开 8（二）　　　　　　　　图 9-20　十不开 9

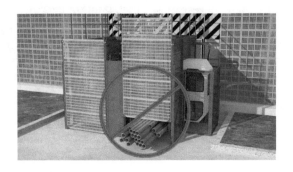

图 9-21　十不开 10

（1）非屋面施工期间，导轨架悬臂端高度不得超过 4.5m（图 9-22）。

图 9-22　导轨架悬臂端高度不得超过 4.5m

十不开

（2）非屋面施工期间，上限位碰块与上极限限位碰块必须安装在最顶附墙架以下（图 9-23）。

（3）屋面施工期间，导轨架悬臂端高度不得超过厂家说明书要求（图 9-24）。

图 9-23　非屋面施工期间上限位碰块与上极限
限位碰块必须在最顶附墙架以下　　　　

图 9-24　屋面施工期间导轨架悬臂端高度不得
超过说明书要求

施工升降机的使用—非屋面

（4）专职机管员必须每日对悬臂端标准节螺母进行检查、拍照和记录（图 9-25）。

（5）专职安全员、监理工程师和操作人员在照片上签字（图 9-26）。

（6）归档备查（图 9-27）。

图 9-25　专职机管员必须每日检查　　　　图 9-26　相关人员需在照片上签字

图 9-27　归档备查

## 9.2　施工升降机操作使用

(1) 施工升降机承载不得超过 9 人（含操作人员）（图 9-28）。

(2) 人货混装时随乘人员不得超过 2 人（图 9-29）。

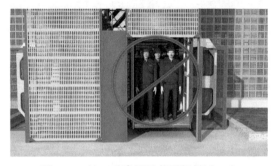 

图 9-28　施工升降机承载不得超过 9 人　　　　图 9-29　人货混装时随乘人员不得超过 2 人

(3) 吊笼内乘人或载物时，应使载荷均匀分布（图 9-30）。

(4) 正常运行时应将吊笼顶的安装吊杆拆除（图 9-31）。

(5) 当遇大雨、大雪、大雾、施工升降机顶部风速大于 20m/s（八级风）或导轨架、电缆表面结有冰层时，不得使用施工升降机。再次使用前，应对整机尤其是各安全装置进行一次全面检查，确认可靠后方可运行（图 9-32、图 9-33）。

(6) 吊笼运行时震动较大，必须立即停机检查，齿轮、齿条间隙过大，轨道轮、轨道间隙过大等重大隐患，都会引发吊笼震动，不彻底检修不能使用（图 9-34）。

图 9-30　乘人或载物载荷均匀分布　　　　图 9-31　安装吊杆在正常运行前拆除

图 9-32　大雨、大雪、大雾　　　　图 9-33　导轨架结冰

（7）齿轮间隙过大（图 9-35）。

图 9-34 吊笼震动较大时必须停机检修

图 9-35 齿轮间隙过大

（8）轨道轮间隙过大（图 9-36）。

（9）标准节之间，齿条之间错台过大，应立即停机检查（图 9-37）。

图 9-36 轨道轮间隙过大

图 9-37 错台过大须停机检查

（10）标准节联接螺栓或齿条固定螺栓松动或断裂（图 9-38、图 9-39）。

图 9-38 螺栓断裂

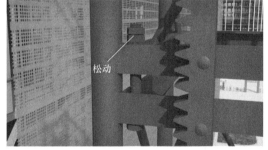

图 9-39 螺栓松动

（11）运行到最上层或最下层时，严禁用行程限位开关作为停止运行控制开关（图 9-40～图 9-42）。

（12）当运行中，由于断电原因而中途停止时，必须手动将吊笼降至围栏内。下降必须由专业维修人员进行操作（图 9-43）。

（13）设备出现非正常情况，必须通知专业维修人员，非维修人员不得擅自操作（图 9-44）。

（14）工作完毕，操作人员应将吊笼降到底层，控制开关拨到零位（图 9-45）。

图 9-40　运行至最上层

图 9-41　运行至最下层

图 9-42　限位器

图 9-43　断电时需专业维修人员将吊笼降至围栏内

图 9-44　设备出现问题必须
通知专业维修人员

图 9-45　工作完毕时须将开关拨至零位

（15）切断电源（图 9-46）。

（16）填好交接班记录（图 9-47）。

图 9-46　切断电源

图 9-47　交接班记录

（17）锁好开关箱（图 9-48）。

（18）锁好吊笼门（图 9-49）。

图 9-48　锁好开关箱

图 9-49　锁好吊笼门

（19）在建工程施工升降机必须安装"磁卡＋指纹"或"磁卡＋人脸"识别系统，并有效使用（图 9-50）。

（20）施工升降机基础周围 10m 范围内，严禁堆放易燃易爆物品（图 9-51）。

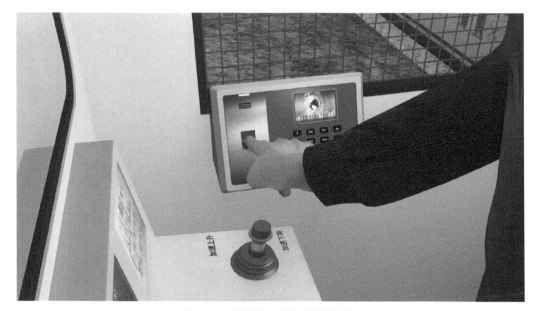

图 9-50　升降机必须安装识别系统

图 9-51 施工升降机 10m 范围内严禁堆放易燃易爆物品

施工升降机
操作使用

# 第10章　施工升降机拆卸

施工升降机的拆卸过程，可按下述过程进行：

（1）用吊杆拆除最上边一道附着装置以上的标准节（图10-1）。

（2）拆除最上边一道电缆护架和附着装置（图10-2）。

图10-1　拆除最上边一道附着装置
以上的标准节

图10-2　拆除最上边一道电缆护架
和附着装置

（3）依次将其余标准节及电缆护架、附着装置拆下，直到最后剩下升降机基础高度部分（图10-3、图10-4）。

（4）将下限位和下极限限位碰块取下并收好（图10-5）。

（5）小心地用手拉开电机制动器（图10-6）。

图10-3　拆除标准节

图10-4　拆除附着装置

图 10-5　取下下限位和下极限限位碰块

图 10-6　拉开电机制动器

（6）将吊笼降至最低处且落实（注意：一定要小心下降，切勿使吊笼撞底）（图 10-7）。

（7）拆掉升降机电源线及电缆筒与极限开关之间的接线（图 10-8）。

图 10-7　吊笼降至最低处

图 10-8　拆掉升降机电源线及电缆筒与极限开关之间的接线

（8）将电缆在电缆筒内盘好（图 10-9）。

图 10-9　将电缆盘好

（9）拆卸防护围栏，注意勿扭曲和积压（图 10-10、图 10-11）。

（10）拆卸驱动装置（图 10-12）。

（11）用起重设备将吊笼吊出并放置在安全的地方（图 10-13）。

（12）拆卸剩余标准节和缓冲装置（图 10-14）。

（13）松开地脚螺栓，拆卸底架（图 10-15）。

图 10-10　拆卸防护围栏

图 10-11　防护围栏堆放

图 10-12　拆卸驱动装置

图 10-13　将吊笼吊出放置在安全地方

图 10-14　拆卸剩余标准节和缓冲装置

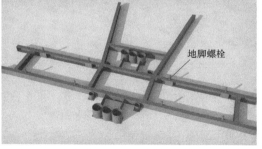

图 10-15　拆卸底架

（14）将各部件（包括标准件和专用工具）整理完毕，回场维保（图 10-16）。

图 10-16　整理各部件

施工升降机的拆卸

# 附录

## 模板支架安全管理十条

一、模板支架宜采用承插型盘扣式模板支架。模板支架应编制专项施工方案，超过一定规模的应组织专家论证。方案附图应包括平面图、立面图、剖面图、局部详图、立杆定位图、剪刀撑布置图、浇筑顺序图、拆除顺序图、变形监测图等，复杂工程宜增加模板支架的 BIM 模型图。

二、模板支架搭设前，应根据立杆定位图进行立杆定位。模板支架纵横向水平杆端部必须与墙柱梁顶紧顶牢、拉紧拉牢。模板支架必须在支架的四周和中部与结构柱进行刚性连接，拉结点水平间距不宜大于 6m。高大模板支架及厂房、地下车库、大型会议室、共享空间、大厅等模板支架竖向每步距进行拉结，在无结构柱部位应采取预埋钢管等措施与建筑结构进行刚性连接。

三、高大模板支架及厂房、地下车库、大型会议室、共享空间、大厅等模板支架，严禁梁、板、柱混凝土同时浇筑，应先浇筑柱、墙等竖向结构混凝土，待竖向结构混凝土强度达到 70% 后，再浇筑梁、板水平结构混凝土。浇筑该类结构混凝土时，其输送设备宜使用汽车泵，不宜使用拖式泵或车载泵。梁、板混凝土浇筑过程中严禁任何人进入模板支架内部。

四、模板支架搭设完毕后，应经建设、施工、监理单位共同验收合格后，方可进入下道工序。项目技术负责人和总监签发混凝土浇捣令后，方可浇筑混凝土。危险性较大的模板支架浇筑混凝土期间，项目负责人必须在岗值班，监理工程师必须全过程旁站监理，现场管理人员、作业人员实行实名制登记、进出场报备制度。

五、地下车库覆土顶板应采用梁板结构，覆土顶板严禁使用无梁楼盖。地下车库顶板覆土前，应竖立回填土厚度标尺，设立厚度警戒线，覆土厚度严禁超过园林绿化设计厚度，且不得超过结构设计承载要求。严禁在地下车库覆土顶板上违规使用大型机械超载施工。地下车库非覆土层楼板若采用模壳施工，应使用阻燃型模壳。

六、厚度超过 800mm 底板施工时，上下层钢筋之间应设置防止钢筋坍塌的支撑结构，支撑结构应进行计算，且顶部水平钢筋上严禁堆放钢筋或其他荷载。地下管廊、挡土墙施工时，应有防止竖向钢筋倒塌措施。

七、梁底端部立杆距柱、墙距离不大于 300mm。模板支架立杆顶部必须设置可调托撑。扣件式模板支架可调托撑伸出立杆顶端长度应小于 200mm，伸出顶层水平杆的悬臂长度严禁超过 500mm。承插型盘扣式模板支架可调托撑伸出立杆顶端长度应小于 400mm，伸出顶层水平杆或双槽钢托梁的悬臂长度严禁超过 650mm。

八、承插型盘扣式模板支架搭设时：应由专业队伍搭设，搭设时应用锤子敲击连接盘插销顶面，确保锤击自锁后不拔脱。承插型盘扣式高大模板支架水平杆步距不得超过

1.5m，最顶层应比标准步距缩小 1 个盘扣间距，竖向斜杆间隔不得大于 2 跨，标准型立杆轴力设计值大于 25kN 时不得大于 1 跨。

九、扣件式模板支架搭设时：截面高度小于 400mm 的梁下，宜设置立杆，截面高度大于 400mm 的梁下，必须设置立杆。梁底每根立杆承担的混凝土体积不得超过 0.24m³。纵、横向水平杆均扣在立杆上。主节点处不得缺少纵横向水平杆。水平杆步距不得超过 1.5m。立杆间距不应超过 1.2×1.2m，高大模板支架及厂房、地下车库、大型会议室、共享空间、大厅等模板支架立杆间距不得超过 0.9×0.9m。

十、扣件式模板支架搭设高度 8～20m 时，在最顶步距两水平拉杆中间应加设一道水平拉杆，高度超过 20m 时，在最顶两步距两水平拉杆中间应分别增加一道水平拉杆。扣件式模板支架搭设高度不宜超过 30m。

# 建筑施工高处作业安全管理十条

一、办公区、生活区应与作业区分开设置，并保持足够安全距离；作业区内严禁设置办公区、生活区；作业区应设门禁，并有效使用。施工单位在工程开工前，应结合工程特点编制包括临边与洞口作业、攀登与悬空作业、操作平台、交叉作业等内容的高处作业安全技术措施或专项施工方案。

二、新入场作业人员应经"施工总承包""专业承包或劳务分包""班组"三级安全教育，合格后，取得作业区门禁出入许可和安全帽、安全带、反光背心、护目镜、手套等劳保用品和专业工具包后，方可进入作业区。

作业人员、管理人员（包括：建设单位、施工单位、监理单位及其他参建单位管理人员）进入作业区，必须佩戴安全带。

三、坠落半径范围内应设置警戒隔离区，严禁人员进入隔离区内。无外脚手架防护的楼层周围应设置高度1.5m水平钢丝绳，作为挂安全带的母索。攀爬钢结构柱时，应在柱上设置"安全绳＋止坠器"或"速差防坠器"。

四、脚手架搭设时应超出作业面不少于1.5m。不得在脚手架安全立网外搭设悬挑式水平硬防护棚，可在脚手架安全立网外搭设悬挑式水平安全平网。

五、施工层合模后，首先应对模板面各类洞口进行防护，然后再实施其他作业，可采用定型化或水平兜网防护。短边边长250～1500mm的水平洞口，在砼浇筑前应预置单层双向钢筋网片封堵，钢筋网格间距不大于150mm，待模板拆除后，及时对钢筋网片水平洞口进行盖板覆盖或定型化防护。短边长度大于或等于1500mm的水平洞口，应在临空一侧设置高度不小于1.2m的防护栏杆，并应采用密目式安全立网或工具式栏板封闭，设置挡脚板。

六、移动式操作平台面积不宜大于$10m^2$，高度不宜大于5m，高宽比不应大于2∶1，施工荷载不应大于$1.5kN/m^2$。移动时，操作平台上不得站人。操作平台应具有上人爬梯，并应在作业面临空一侧设置高度不小于1.2m的防护栏杆，下设挡脚板；使用工况下必须设置防倾覆措施。

七、悬挑式操作平台下方坠落半径内，必须设置警戒隔离区和提示牌，严禁任何人进入隔离区内。悬挑式操作平台严禁设在人行道上方。悬挑式操作平台的搁置点、拉结点、支撑点应设置在稳定的主体结构上，严禁设置在临时设施上。悬挑式操作平台悬挑长度不宜大于5m，均布荷载不应大于$5.5kN/m^2$，集中荷载不应大于15kN，悬挑梁应锚固固定，外侧应略高于内侧。每一道钢丝绳应能承载该侧所有荷载，钢丝绳夹不得少于4个，建筑物锐角、利口周围系钢丝绳处应加衬软垫物。悬挑式操作平台临空三面应设倾角30°、宽度1.8m的防漏安全兜网。

八、临边防护栏杆上杆距地面高度应为1.2m，下杆应在上杆和挡脚板中间设置。当防护栏杆高度大于1.2m时，应增设横杆，横杆间距不应大于600 mm。防护栏杆立杆间距不应大于 2m，挡脚板高度不应小于 180mm。防护栏杆应采用密目式安全立网或工具式栏板封闭。施工升降机停层平台口应设置高度不低于 1.8m 的楼层防护门并应设置防外开装置。停层平台两侧应采用硬质材料防护封闭。

九、脚手架搭拆、悬空作业、钢结构屋面施工等缺少或不易设置安全带吊点的作业区域，应设置钢丝绳作为挂安全带的母索，或采用配重式坠落防护锚固系统作为安全带吊点。钢结构网架作业时，作业层下方应设置安全平网等防坠措施。

十、高处作业前，应对安全防护设施进行验收，验收合格后方可进行作业。临边、洞口、电梯井口等部位应设置安全警示标志，光线不足区域应设置充足的照明。各类井道内每隔 2 层且不大于 10m 应设置安全平网防护。

# 施工升降机安全管理十条

一、施工升降机安拆、加节、附着应由同一家安拆单位完成。安拆单位对全体安拆作业人员每月至少进行一次集中安全培训，每次3小时。每年6月25日和12月25日，以优盘形式将每月全过程培训视频报送市住建局，市住建局组织专家对培训视频进行检查和通报，安拆单位不提供完整视频视同规避检查。

二、安拆前，施工总承包单位和监理单位应分别审核建筑起重机械的特种设备制造许可证、产品合格证、备案证明、安拆单位的资质证书、安装（拆除）告知书、安全生产许可证、特种作业操作证、施工升降机安拆专项施工方案等资料。

三、施工总承包单位每个在建项目必须至少设置1名专职机械设备管理人员（以下简称"专职机管员"）。施工总承包单位专职机管员、专职安全员以及监理工程师在每次安拆、加节、附着前，应核查特种作业人员的特种作业证，核查安拆单位所有人员社保是否属于该安拆单位。

四、施工升降机安拆、加节时，作业现场应有以下人员进行现场检查：安拆单位的专业技术人员、专职安全员；施工总承包单位的专职机管员、专职安全员；监理单位的监理工程师。上述人员必须全部全过程在岗，严禁缺席。

五、安拆、加节、附着、维修、保养期间，必须严格执行以下规定：1.作业区域周围必须设置警戒线。2.在施工升降机上悬挂"安拆维保 严禁使用"红色警示牌（高400mm×宽600mm 红底白字）。3.安拆、维修人员离开时，必须切断电源，锁上三道锁：开关箱锁、围栏门锁、操作电锁。4.安拆单位和施工总承包单位必须各设1人，专人看守，严禁任何人开启施工升降机，监理单位设专人旁站监理全过程，并留存照片归档。

六、非屋面施工期间，导轨架悬臂端高度不得超过4.5m，且上限位与上极限限位必须安装在最顶附墙架以下。

屋面施工期间，导轨架悬臂端高度不得超过7.5m，且专职机管员和司机必须每日对悬臂端标准节螺母进行检查、拍照和记录，司机、专职机管员、专职安全员和监理工程师在照片上签字，归档备查。屋面施工期间有条件的项目应在花架梁等结构上安装附墙架，且上限位与上极限限位必须安装在最顶附墙架以下。

七、严禁滚轮、背轮、齿轮间隙过大或过小或脱落。司机、专职机管员、专职安全员、监理工程师应每日检查防脱齿安全挡块、背轮、滚轮、螺栓螺母是否缺失以及齿轮齿条啮合情况。司机、专职机管员拍照并打印，司机、专职机管员、专职安全员和监理工程师在照片上签字，归档备查。

八、高强螺栓连接时，应螺杆在下，螺母在上。最顶端的1节标准节应去掉齿条，并以醒目颜色区分。施工升降机检测、验收合格，应悬挂"验收合格 允许使用"标识牌（高400mm×宽600mm 绿底白字）。

九、施工升降机司机必须持证上岗，层门插销设置在升降机侧，只能从升降机侧打开。施工升降机应安装"指纹＋人脸"识别系统，并有效使用。司机下班或离开轿厢时，必须将轿厢降到地面，锁上开关箱锁、围栏门锁、操作电锁，钥匙必须专人保管。

十、轿厢内应安装监控设备，用于监控司机操作行为及轿厢内人数。监控设备应具备人数清点及超载报警功能，当人数超过9人、重量超载以及载物时超过2人，该装置应进行声光报警并停止运行。视频应实时传输到工地办公区施工总承包单位和监理单位终端。

# 塔式起重机安全管理十条

一、安拆单位对全体安拆作业人员每月至少进行一次集中安全培训，每次 3 小时。每年 6 月 25 日和 12 月 25 日，以优盘形式将每月全过程培训视频报送市住建局，市住建局组织专家对培训视频进行检查和通报，安拆单位不提供完整视频视同规避检查。

严禁使用额定起重力矩 630kN·m（不含 630kN·m）以下塔式起重机。塔式起重机司机室必须配备冷暖空调，并有效使用。塔式起重机安拆、加节、附着应由同一家安拆单位完成，严禁无资质、超范围或挂靠从事起重机械安拆作业。

二、安拆、加节、附着前，施工总承包单位和监理单位应分别审核建筑起重机械的特种设备制造许可证、产品合格证、备案证明、安拆单位的资质证书、安装（拆除）告知书、安全生产许可证、安拆专项施工方案，应核查特种作业人员的特种作业证，核查安拆单位所有人员社保是否属于该安拆单位。

作业现场应有以下人员进行现场监督检查：安拆单位的专业技术人员、专职安全员；施工总承包单位的专职机管员、专职安全员；监理单位的监理工程师。上述所有人员必须全过程在岗，严禁缺席。

三、塔式起重机应安装"指纹＋人脸"司机识别装置、黑匣子装置和视频监控装置，加装的新装置不能改变起重机械原有安全装置及电气控制系统的功能。视频监控装置应满足：1. 应在起重臂、司机室、平衡臂主卷扬机处安装视频监控装置，用以监控吊装、司机及主卷扬机。司机室应安装高清显示屏，视频实时传输到工地办公区施工总承包单位和监理单位终端。2. 安拆、加降节时，安拆单位应全程录像（含：起重臂、平衡臂、塔帽、套架、附着安拆全过程；力矩限制器调试全过程等。其中，顶升时必须全程对顶升横梁、下回转支座处录像）。市住建局每季度末组织专家对安拆、加降节视频进行抽查和通报，安拆单位不提供完整视频视同规避抽查。

四、安装顶升套架时应防止套架坠落：1. 套架的安装及与下支座的连接，应在安装完 3 节标准节及上下支座后，在塔机最小安装高度时进行。2. 吊装套架套入塔身时，套架上不允许有作业人员，必须将套架换步卡板伸出，防止套架意外滑落。3. 应统一指挥、观察到位，防止套架与下支座连接耳板顶撞。4. 套架安装完，方可安装塔帽、平衡臂、起重臂。

五、顶升时必须做到：1. 下支座与顶升套架连接处的四角螺栓或销轴必须全部连接可靠，顶升全过程严禁拆卸。2. 顶升横梁端部防脱保险应锁定完好，否则严禁伸出液压油缸。3. 顶升换步作业时，应将两侧的换步卡板正确放置在标准节踏步上，确认完好无误，否则严禁收缩液压油缸。4. 回转机构制动开关应锁定，防止因误操作或风导致旋转。5. 顶升中严禁小车前后移动。6. 顶升中严禁吊钩起升。7. 严禁套架滚轮与塔身间隙不符合要求。8. 若要连续加节，则每加完 1 节后，用塔式起重机自身起吊下 1 节标准节前，塔身各主弦杆和下支座应可靠连接，唯有在这种情况下，允许这 8 根螺栓每根只用 1 个螺母（销轴连接的塔吊，可使用厂家提供的安全销）。作业中途暂停时，应将标准节与下支座螺栓或销轴全部紧固。

六、安装后，安装单位必须严格按照说明书要求，用标准砝码调试好力矩限制器。每次安装、加节后，安装单位必须及时调整起升高度限制器，使吊钩顶部至小车架下端的最小距离为 800mm 处停止上升，但能下降。塔式起重机独立高度和最顶附墙架以上悬臂高度，严禁超高。塔式起重机起重臂上应设置钢丝绳作为挂安全带的母索。在塔式起重机标准节内，应设置"安全绳＋止坠器"或速差防坠器等防坠装置。

七、施工总承包单位每个在建项目必须至少设置 1 名专职机管员。塔式起重机实施机长负责制，每台塔式起重机应指定 1 人为机长，每 8 小时为 1 台班，每台班配备 1 名司机和 2 名信号工（地面、作业层），每个台班结束，应及时更换司机，严禁塔式起重机司机超时作业。施工总承包单位应每月对塔式起重机司机、司索工及信号工进行安全教育，并应每月组织产权单位和监理单位对力矩限制器、起升高度限制器等安全装置和主要部件进行检查，安全装置检查时，司机、专职机管员拍照并打印，司机、专职机管员、专职安全员和监理工程师在照片上签字，归档备查。

八、塔式起重机围护栏上应设置"安装验收信息公示牌"。司机室应配备灭火器，地板应设防火垫，司机室应张贴产权单位、安拆单位、施工总承包单位、维护保养单位的联系人及电话。塔式起重机应配备足够的对讲机，每台塔式起重机使用专用指挥频道。

群塔作业时应编制群塔方案，施工总承包单位应对塔式起重机司机进行交底；群塔方案变更后，施工总承包单位需重新对塔式起重机司机、司索工、信号工进行交底。

九、拆除时：1. 在塔式起重机标准节已拆出，但下支座与塔身还未用高强度螺栓或销轴连接前，严禁使用回转机构、变幅机构和起升机构。2. 起重臂、平衡臂、塔帽全部卸下后方可拆卸下支座与顶升套架连接的螺栓或销轴。3. 当天未拆除完毕时，下班前应将回转下支座与标准节连接固定牢固，将吊钩升起，严禁下班前不连接固定。4. 转场时，塔身标准节螺栓应全部卸下，严禁多节标准节整体连结不拆解保养即转场安装。

十、吊索、吊具必须由施工总承包单位购买或指定，采购前应编制吊索、吊具专项方案，有计算书和荷载统计。塔式起重机应使用成品吊斗，吊斗高宽比等于 1，四角每个吊耳各设一根钢丝绳，吊斗必须设上盖板全封闭。吊装箍筋、扣件、砖等散料，应使用吊斗全封闭吊装；吊装长钢筋、钢管应采用扁担吊梁。每台塔式起重机必须足额配备司索工和信号工，统一佩戴红色袖标，严禁不设司索工、信号工或由工人兼职。

# 高处作业吊篮安全管理十条

一、吊篮安装前，施工总承包和监理单位应核查吊篮出厂合格证、安装使用说明书、产品检验报告。安拆单位安装、调试吊篮后应自检，合格后由施工总承包、专业承包、监理、租赁（产权）、安拆单位验收，验收合格方可投入使用。吊篮租赁（产权）单位应在现场派驻技术维修管理人员，吊篮专用配电箱断电后必须上锁，钥匙专人管理。

二、安拆人员应持《建筑施工特种作业人员操作资格证书（高处作业吊篮安装拆卸工）》上岗。吊篮下方坠落半径内，必须设安全隔离区、拉警戒线。安拆吊篮悬挂机构时，作业人员距离屋面边缘应 2m 以上或采取防坠落措施。吊篮悬挂机构和悬吊平台应编号，号码一致。

三、吊篮悬挂机构钢丝绳挂点间距应不小于悬吊平台吊点间距，其误差不应大于100mm。吊篮稳定力矩应大于或等于 3 倍的倾翻力矩；配重应有防止随意移动的措施，严禁使用破损的配重或其他替代物；使用时，严禁平行移动悬挂机构。吊篮移动后使用前，施工总承包、专业承包、监理、租赁（产权）、安拆单位应组织进行二次验收，验收合格方可投入使用。

四、安全锁应在有效期内使用，有效标定期限不应大于 1 年，应定期对其有效性进行检查。吊篮应安装起升限位开关，限位开关及其限位碰块应固定可靠。应安装终端起升极限限位开关并正确定位，平台在到达工作钢丝绳极限位置之前应完全停止。不得将吊篮作为垂直运输工具。吊篮宜安装超载检测装置。

五、钢丝绳端头形式应为自紧楔型接头。安全大绳应使用锦纶安全绳，且必须固定在建筑物可靠位置上，安全绳与女儿墙之间应增加护垫。一条安全大绳、一个安全锁扣只能供一个人挂设。吊篮内人员应为 2 人。

六、吊篮悬挂机构的高度、前支臂外伸长度超出吊篮安装使用说明书范围的，以及采用卡钳、骑马架等结构型式的非标准吊篮，应有设计结构图、节点图和计算书，并应由原生产厂审核确认。安全锚固环或预埋螺栓，直径应不小于16mm。安装吊篮处主体结构承载能力应按吊篮作用载荷的 3 倍计算。起稳定作用的拉结钢丝绳的安全系数不应小于8。非标准吊篮安拆专项施工方案应组织专家论证，经施工总承包、专业承包、监理、建设单位审核、签字后方可实施。

七、吊篮内的作业人员应佩戴安全帽、系好安全带，并将安全锁扣正确挂置在独立设置的安全大绳上。吊篮作业应避免多层或立体交叉作业。作业人员不得跨出吊篮作业，应从地面或裙楼屋顶进出吊篮，不得从窗洞口上下吊篮。下班时不得将吊篮停留在半空中，应将吊篮下降至地面或裙楼屋顶并切断主电源后方可离开。

八、当悬挂机构前支臂外伸长度超过 1.5m 时，必须按安装使用说明书要求减载使用。吊篮出现断绳、卡绳等故障，应由高处作业吊篮安装拆卸工维修。吊篮应设置靠墙缓冲装置和防急风应急装置。当施工遇到雨雪、大雾、风沙，以及吊篮工作处风速大于

8.3m/s 时，应将吊篮下降至地面或裙楼屋顶。

　　九、电焊作业时要对吊篮采取保护措施，不得将电焊机放在吊篮内，电焊机电源不得借用吊篮控制箱内电源，电焊缆线不得与吊篮任何部位接触，电焊钳不得搭挂在吊篮上，严禁用吊篮做电焊接线回路。吊篮内应配置一组灭火器。

　　十、吊篮使用单位应制定班前检查项目表。非标准吊篮应根据经评审合格的专项方案，制定日常检查项目表。吊篮使用人员每天应进行班前检查，发现问题应及时向使用单位负责人、总承包安全管理人员报告。

# 塔式起重机安全标志牌

额定起重量

## QTZ80型普通塔式起重机

特种设备制造许可证编号：TS2410482

| 最大起重力矩 | 80 t·m | 总功率 | 35.5 kW |
|---|---|---|---|
| 最大起重量 | 6 t | 电源电压/频率 | 380 V/50 Hz |
| 最大工作幅度/额定起重量 | 56 m/1.0 t | 起升速度(2倍率) | 8.5/40/80 m/min |
| 固定最大起升高度 | 50 m | 变幅速度(功率) | 28/42 m/min(3/4 kW) |
| 附着最大起升高度 | 160 m | 回转速度(功率) | 0.61 r/min(7.5 kW) |
| 整机重量 | 43.5 t | 顶升速度(功率) | 0.5 m/min(5.5 kW) |
| 平衡重 | 14.0t | 压重 | |

| m/t | 14 | 18 | 20 | 23 | 27 | 30 | 33 | 37 | 40 | 42 | 44 | 46 | 48 | 50 | 52 | 54 | 56 |
|---|---|---|---|---|---|---|---|---|---|---|---|---|---|---|---|---|---|
| 56 | 2.5-13.76 / 6.00 | 5.88 | 4.36 | 3.84 | 3.24 | 2.65 | 2.32 | 2.05 | 1.57 | 1.47 | 1.37 | 1.28 | 1.20 | 1.13 | 1.06 | 1.00 | 0.94 |

| m/t | 25 | 26 | 28 | 30 | 32 | 34 | 36 | 38 | 40 | 42 | 44 | 46 | 48 | 50 | 52 | 54 | 56 |
|---|---|---|---|---|---|---|---|---|---|---|---|---|---|---|---|---|---|
| 56 | 2.5-24.9 / 3.00 | 2.98 | 2.84 | 2.59 | 2.38 | 2.02 | 1.88 | 1.75 | 1.63 | 1.52 | 1.43 | 1.34 | 1.26 | 1.19 | 1.12 | 1.06 | 1.00 |

| 设备代码 | 43101048220 | 监检编号 | HA-QZ(4310)-20- | 监检钢印标志 |
|---|---|---|---|---|
| 出厂编号 | | 出厂日期 | | 年　月 |

建设机械有限公司

标牌

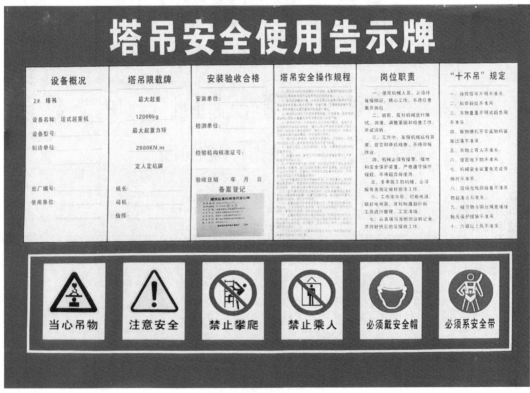

塔式起重机安全使用告示牌

# 安全警示标志

当心触电：必须具有由资质的
专业人员对电气系统进行安装、
维修、接线

禁止在塔式起重机的工作半径内停留

禁止攀爬塔式起重机

保持距离，以防卷入

当心坠落，请系好安全带

急停开关

使用前请仔细阅读操作手册

非工作状况时塔机须能自由回转

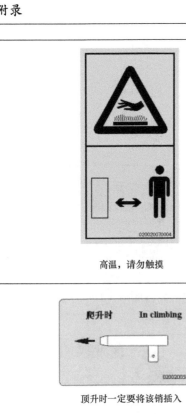

高温，请勿触摸

当心碾压

顶升时一定要将该销插入

注意观察

注意悬吊的重物，请戴好安全帽

注意检查钢丝绳

定期加油润滑

重新调节限位器

检查金属结构件

检查制动块的间隙

检查安全装置是否处于良好的工作状态

调节制动器

M36 高强度联接螺栓

M30 高强度联接螺栓

吊栏的最大载重

注意关好天窗

禁止站立

必须系安全带

注意安全

"CE" 标识

# 危险等级的划分

危险表示如不避免，则将导致死亡或严重伤害的某种紧急危害情况。

警告表示如不避免，则可能导致死亡或严重伤害的某种潜在危害情况。

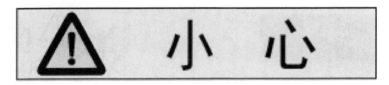

小心表示如不避免，则可能导致轻微或中度伤害的某种潜在危害情况。

注意表示与人身伤害无关的风险（例如财产损失）。

# 施工现场安全警示标志

## 禁止标志牌

## 指令标志牌

## 警告标志牌

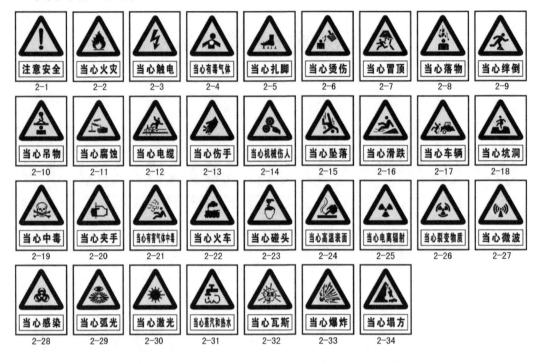

## 指示标志牌